宽禁带功率半导体器件建模与应用

肖龙 著

机械工业出版社

本书详细阐述了宽禁带功率半导体器件的发展现状、电热行为模型建模方法与模型参数提取优化算法、开通和关断过电压问题分析和抑制方法、串扰导通问题机理与抑制方法。通过LLC变换器展示了如何借助宽禁带器件电热行为模型完成功率变换器硬件优化设计和控制算法的仿真验证，并分析了平面磁集成矩阵变压器的优化设计方法，建立了LLC变换器小信号模型，提出并验证了基于LLC变换器小信号模型的输出电流纹波抑制方法。附录提供了基于Ansys Q3D的电路板寄生参数提取方法、宽禁带器件电热行为模型建模方法、遗传算法和列文伯格-麦夸尔特算法组成的复合优化算法实现、LLC变换器小信号模型建模方法，方便读者学习参考。

本书适合电力电子与电力传动专业研究生和电气工程及其自动化专业的高年级学生使用，也可供其他相关专业高校师生、工程技术人员和其他人员参考。

图书在版编目（CIP）数据

宽禁带功率半导体器件建模与应用 / 肖龙著.

北京 ：机械工业出版社，2024. 8. -- ISBN 978-7-111 -76538-7

Ⅰ. TN303

中国国家版本馆 CIP 数据核字第 20240L9J63 号

机械工业出版社（北京市百万庄大街22号　邮政编码100037）

策划编辑：聂文君　　　　　　责任编辑：聂文君　章承林
责任校对：王　延　张　征　　封面设计：王　旭
责任印制：郜　敏

中煤（北京）印务有限公司印刷

2024年10月第1版第1次印刷

184mm×260mm · 10.25印张 · 232千字

标准书号：ISBN 978-7-111-76538-7

定价：39.80元

电话服务　　　　　　　　　　网络服务

客服电话：010-88361066　　　机　工　官　网：www.cmpbook.com
　　　　　010-88379833　　　机　工　官　博：weibo.com/cmp1952
　　　　　010-68326294　　　金　书　网：www.golden-book.com
封底无防伪标均为盗版　　　　机工教育服务网：www.cmpedu.com

高效率、高功率密度和高可靠性是电力电子变换器设计不懈追求的目标，为了实现这一目标，高性能功率半导体器件、新型电路拓扑和先进控制算法不断发展，推动电力电子技术向前进步。然而，一代功率半导体器件决定一代变换器拓扑，一代变换器拓扑决定一代电力电子技术的发展。显然，功率半导体器件的不断发展是推动电力电子技术进步的重要引擎。传统硅（Silicon，Si）基功率半导体器件经过不断迭代和发展，其性能越来越逼近硅材料器件的性能极限。为了进一步提高功率半导体器件耐压等级的同时降低其导通电阻，禁带宽度更宽的第三代宽禁带（Wide Band-gap，WBG）半导体材料被用来替代传统硅材料，以进一步提高功率半导体器件的性能。

碳化硅（Silicon Carbide，SiC）和氮化镓（Gallium Nitride，GaN）是两种目前已经广泛使用的第三代 WBG 半导体材料，使用这两种材料制造的全控型功率半导体器件——SiC 场效应晶体管（Metal-Oxide-Semiconductor Field、Effect Transistor，MOSFET）和 GaN 高电子迁移率晶体管（High-Electron-Mobility Transistor，HEMT）具有比同等耐压等级的 Si 器件更低的寄生电容和导通电阻，因此开关速度更快且导通损耗更低，更适合在较高开关频率下工作，从而显著提高功率变换器的功率密度，在新能源发电、轨道交通、工业变频驱动、电动汽车和服务器电源等领域具有广泛的应用前景。

然而，由于 WBG 器件开关速度比较快，所以其门极驱动和主功率回路参数对开关过程中的应力和振荡有严重影响，同时快速变化的电压和电流变化率也很难进行准确测量，也就难以准确计算开关损耗。采用宽禁带器件实现的功率变换器经常会遇到由于门极驱动或主功率回路参数控制不合理而带来的电压应力过高、门极电压过冲、串扰导通和严重的开关振荡等问题。基于 WBG 器件的功率变换器硬件电路也存在反复迭代设计的弊端，研究和设计人员一直希望能够借助准确的电路仿真模型更加透彻地理解宽禁带器件的动态开关过程，以及门极驱动速度和主功率回路寄生参数对开关应力、开关损耗和开关振荡的影响，从而在设计之初就能够通过驱动电路、吸收电路和主功率回路的设计，实现宽禁带器件开关损耗和开关应力的优化折中，同时抑制门极串扰的发生。能够用于电路仿真，且对宽禁带器件静态和动态特性进行准确建模的器件模型成为实现这一目标的关键。

本书围绕全控性 WBG 功率半导体器件的电热行为模型建模和高效应用展开了系统的分析。第 1 章介绍了常见 WBG 器件的结构、建模方法和应用领域的研究现状。第 2 章建立了适用于 SiC MOSFET 和 GaN HEMT 的准确电热行为模型，并提出了一种基于遗传算法和列文伯格-麦夸尔特算法的模型参数快速提取算法。第 3 章对全控型 WBG 的开通过程展开分解，并定性和定量分析了开通过电压问题产生机理与解决办法。第 4 章分两种工况对 WBG 器件硬关断过程进行分解，并定性分析了关断过电压产生机理与抑制方法。第 5 章分析了串扰导通产生机理，并借助精确电热仿真模型对 WBG 器件构成的半桥电路中的串扰导通问题展开了定量分析，提出了抑制串扰导通的方法。第 6 章借助基于 GaN HEMT 的串并联谐振 LLC 变换器的设计实例，展示了如何借助 WBG 电热行为模型完成功率变换器的硬件优化设计和控制算法的虚拟样机验证。同时提出了平面磁集成矩阵变压器优化设计方法，建立了带 LED 负载的 LLC 变换器的小信号模型，设计了 LLC 变换器的输出电流和输出电流纹波控制器。附录部分介绍了 Ansys Q3D 参数提取方法、基于 LTSpice 的 WBG 功率半导体器件非线性电容和电热行为模型建模方法、用于 WBG 行为模型训练和参数快速提取的遗传算法和列文伯格-麦夸尔特算法组成的复合优化算法的具体实现代码、带 LED 负载的全桥 LLC 小信号模型仿真代码和基于 Simulink 的小信号模型仿真方法，这些仿真方法和实现代码对于读者掌握 WBG 器件以及基于 WBG 器件的功率变换器的建模和仿真，具有一定的参考价值。

　　本书为多年科研成果的总结，作者在此向一直以来提供指导、关心和支持的师长、同学和同事表示衷心的感谢，同时感谢宁波本元智慧科技有限公司提供的实验平台和技术支持。本书的成稿得到了福建省自然科学基金项目（2022J01514）和泉州市科技计划项目（2023C008R）的资助，在此一并表示感谢。

　　因作者水平有限，书中难免有错误和不足之处，恳请广大读者批评指正。

著　者

目 录

第1章

绪 论

据统计，全球有近 40% 能源通过电能的形式消耗，随着全球气候变暖和能源危机的加剧，人们对电能在产生、输送和利用各个环节的效率提出了越来越高的要求[1-2]。电力电子变换器作为电能变换的核心，如何降低变换器的损耗、提高变换器的效率和功率密度一直以来都是功率变换器研究的重点，而在变换器总损耗中占据分量最重的功率半导体器件也就成为研究的重中之重[2-4]。

从参与导电的载流子极性上划分，功率半导体器件可以划分为单极型和双极型器件。其中，单极型器件开关速度快，开关损耗小，比较适合工作在高开关频率的变换器中。但是由于单极型器件的耐压和其导通电阻成反比，为了降低其导通损耗，传统硅（Silicon，Si）基单极型器件的耐压等级均比较低。Si 金属-氧化物-半导体场效应晶体管（Metal-Oxide-Semiconductor Field Effect Transistor，MOSFET）作为硅基单极型器件的代表，其结构从 V 形槽 MOS（V-Groove MOS，VMOS）、垂直双扩散 MOS（Vertical Double-Diffusion MOS，VDMOS）、U 形槽 MOS（U-Shape Trench Gate MOS，U-MOS）发展为性能更加优良的超结 MOS（Super Junction MOS，SJMOS），在提高耐压的同时不断减小导通电阻，工作频率从几十千赫兹延伸到数兆赫兹。但是其单管耐压大多仍然低于 1kV，因此不适用于中高压及大功率的应用场合[5-6]。得益于电导调制效应，双极型器件能够在维持较高耐压的同时实现较低的导通电阻。然而，双极型器件在关断时需要较长的关断时间完成少子的抽取，因此关断速度较慢。硅基绝缘栅双极型晶体管（Insulated-Gate Bipolar Transistor，IGBT）作为双极型可控器件的典型代表，其工作电压可高达 6.5kV，在高压大功率场合广泛采用。然而 IGBT 关断时存在严重的拖尾电流，导致开关损耗较大，因此开关频率较低，限制了大功率电力电子变换器效率和功率密度的提高[1,7]。尽管经过多年的研究和发展，传统硅基功率半导体器件的性能得到长足的发展，且器件性能通过结构和工艺的改进也不断提高，但是传统硅基功率半导体器件已逐渐接近硅材料性能极限，很难再进一步提高功率变换器的效率和功率密度[1,7-9]。对高效率、高功率密度以及适用于中高压及大功率应用场合的电力电子变换器的需求促进了宽禁带功率半导体器件的发展[1-2,7]。

相比于硅基功率器件，宽禁带器件能够在维持较高耐压的同时保持较低的导通电阻，同时宽禁带器件的开关速度快，开关损耗小，因此适合工作在较高开关频率和较高耐压等级的场合，从而显著改善功率变换器的效率和功率密度[1,7-8,10-11]。然而宽禁带器件较快的开关速度，也使得宽禁带器件面临的电压电流应力[12-20]、串扰导通[21-48]、开关振荡[49-57]和电磁干扰（EMI）[58-65]等问题越来越严重。因此高性能电力电子变换器的设计对电力电子设计工程师提出了越来越高的要求，功率变换器的优化设计越来越取决于设计人员对功率半导体器件的理解深度，而且能够准确描述宽禁带功率器件动静态特性的器件模型对于功率变换器设计人员了解器件性能、器件动静态开关特性、损耗计算和散热设计等方面发挥的作用越来越大[66-74]。

本章从宽禁带材料的优势、宽禁带器件的发展、宽禁带器件的典型应用、宽禁带器件建模和宽禁带器件在应用中面临的问题与挑战等方面对宽禁带器件的发展与应用展开梳理,对于了解宽禁带器件的发展和宽禁带器件在研究与应用中的热点与难点问题具有积极的意义。

1.1 宽禁带功率半导体器件的发展现状

宽禁带功率半导体器件的结构和常规 Si 器件的结构差异不大,得益于宽禁带材料禁带宽度较大的优势,宽禁带器件相对于 Si 器件能够获得显著的性能改进。对于同一种材料构成的宽禁带器件,其性能主要由器件的结构所决定。目前广泛应用的宽禁带器件大多是单极型器件,以尽量发挥宽禁带器件耐压高、开关速度快的优势,从而显著提高功率变换器的效率和功率密度等性能。

1.1.1 宽禁带材料的优势

以碳化硅(Silicon Carbide,SiC)和氮化镓(Gallium Nitride,GaN)为代表的第三代宽禁带半导体材料,在禁带宽度、临界击穿电场、最大工作结温、导热系数和饱和电子速度方面和 Si 材料之间的对比如图 1-1 所示[1,75]。

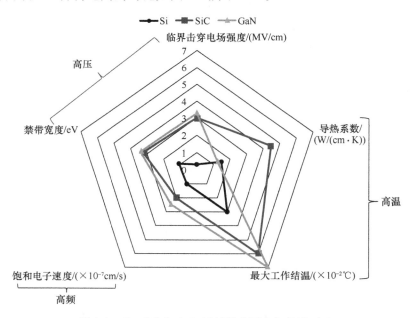

图 1-1　Si、SiC 和 GaN 材料的主要电气特性对比

图 1-1 中,宽禁带材料 SiC 和 GaN 的饱和电子速度均比 Si 材料高,所以这两种材料适合用于设计高频器件。SiC 材料的导热系数比较高,这有利于 SiC 器件实现快速散热。器件的最大工作结温是由材料的禁带宽度 E_g 决定的,因为禁带宽度越大,热激发的电子越少,由该材料构成的半导体器件越不容易热失效,因此能够承受的结温越

高[76]。从图 1-1 中还可以看出，虽然 GaN 材料的导热系数较低，然而由 GaN 材料构成的器件的最大结温却高达 700℃，比 SiC 器件还高出 100℃。

参考文献［5］中给出了一维单极型器件特征导通电阻 $R_{\mathrm{on(sp)}}$ 和击穿电压 V_{BR} 的关系：

$$R_{\mathrm{on(sp)}} = \frac{4V_{\mathrm{BR}}^2}{\mu\varepsilon E_{\mathrm{c}}^3} \tag{1-1}$$

式中，ε 是介电常数；μ 是载流子迁移率；E_{c} 是临界击穿电场强度。式（1-1）可以看出，器件的特征导通电阻和临界击穿电场强度 E_{c} 的 3 次方成反比，所以宽禁带材料 SiC 和 GaN 的特征导通电阻比 Si 小两个数量级以上。因此，由这两种宽禁带材料构成的功率半导体器件能够在击穿电压和导通电阻上获得更好的折中。由式（1-1）及参考文献［2，5］可得到 Si、SiC 和 GaN 这 3 种材料的特征导通电阻随击穿电压的变化曲线，如图 1-2 所示。此外，图 1-2 中同时给出了由 Si、SiC 和 GaN 这 3 种材料构成的已商业化生产的不同结构的功率半导体器件特征电阻水平。

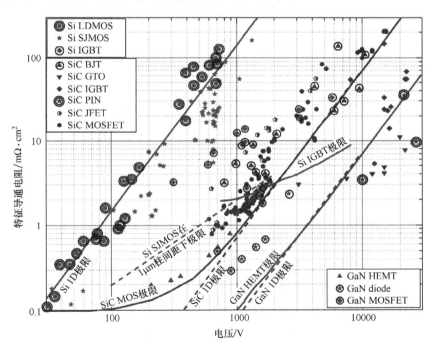

图 1-2　Si、SiC 和 GaN 材料的特征导通电阻随击穿电压的变化曲线

从图 1-2 中可以得出以下结论：

1）SJMOS 由于结构的创新，其特征导通电阻已经超越了单极型材料特征导通电阻的极限。

2）除了存在结构创新的 SJ MOS 和具有电导调制效应的 IGBT 外，不同材料构成的单极型商业化器件的性能都在不断逼近材料极限。

3）当击穿电压高于 1kV 后，Si 材料构成的单极型器件导通电阻太高，所以 SiC 和 GaN 材料是构成高压单极型器件的首选。因为宽禁带材料的特征导通电阻低，所以在同等耐压等级下，宽禁带材料构成的器件的芯片尺寸更小，因此其寄生电容小，开关速度更快。然而，由于器件尺寸小，所以散热压力较大，这也是在宽禁带器件应用中必须注意的问题。

图1-2只从导通电阻这一个方面证明了宽禁带材料构成功率器件的优势，然而评价功率器件的优劣，必须同时考虑器件的导通损耗和开关损耗，尤其是当器件工作在高开关频率下时。因此，在考虑器件总损耗的条件下，Baliga教授提出了综合评价功率器件性能的优值BHFFOM（Baliga High Frequency FOM）[77]，其表达式为

$$BHFFOM = \frac{1}{R_{on(sp)} C_{in(sp)}} \tag{1-2}$$

式中，$C_{in(sp)}$是器件的特征输入电容。由参考文献[77]可知，BHFFOM值越大，器件的总损耗越小。因为器件导通电阻和输入电容越小，器件的导通损耗和开关损耗也相应地越小。式（1-2）就是如今广泛采用器件特征输入电容和导通电阻的乘积作为评价器件性能优劣指标的依据。

1.1.2 宽禁带器件的发展

宽禁带器件的性能随着半导体材料性能、加工工艺和器件结构等的完善而不断进步。图1-3和图1-4所示分别是SiC功率器件和GaN功率器件随时间发展的时间轴图[78-79]。

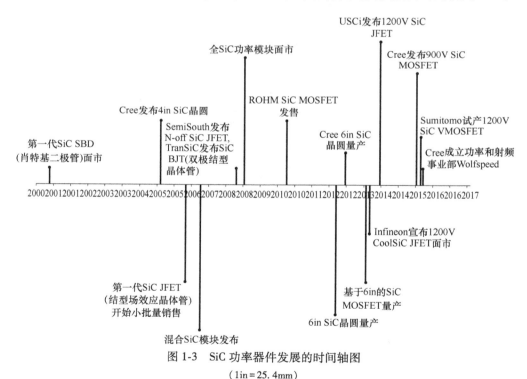

图1-3　SiC功率器件发展的时间轴图

（1in=25.4mm）

从图1-3和图1-4中可以看出，为了尽量发挥宽禁带器件开关速度快的优势，由宽禁带材料构成的功率器件以单极型器件为主。目前，SiC功率器件的主流厂商为科锐（Cree）、英飞凌（Infineon）、罗姆（ROHM）和意法半导体（ST Microelectronics），而GaN功率器件的主流厂商有宜普电源转换公司（EPC）、松下（Panasonic）和英飞凌

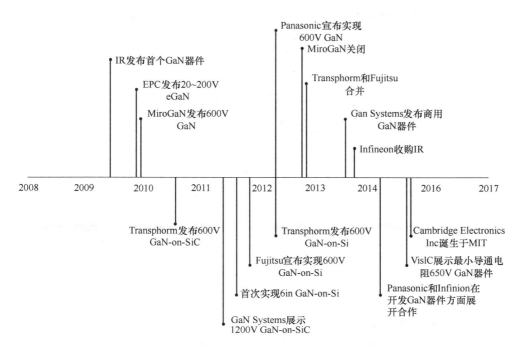

图 1-4　GaN 功率器件发展的时间轴图

（Infineon）。不同厂商生产的功率器件的结构不同，而器件结构对器件性能有显著影响。所以下文对 SiC 和 GaN 单极型器件的结构展开介绍，这对于理解器件的工作特性，从而最大限度发挥器件性能具有积极的作用。

1. SiC 肖特基二极管的结构发展

从图 1-3 中可以看出，SiC 肖特基二极管（Schottky Barrier Diode，SBD）是最早商业化应用的 SiC 器件，且继 2001 年德国英飞凌（Infineon）推出 SiC SBD 后，美国科锐（Cree）、法国意法半导体（ST Microelectronics）和日本的罗姆（ROHM）公司相继推出 SiC SBD，产品覆盖 650V、1200V 和 1700V 等电压等级，电流从 10~50A 不等。SiC SBD 由于几乎没有反向恢复效应而被广泛用于替换 Si 高压 PIN（Positive-Intrinsic-Negative）二极管，从而显著减小由于 PIN 二极管的反向恢复造成的损耗和电压过冲。

随着性能的不断改进，SiC SBD 的结构经历了如图 1-5a ~ c 所示的不断演进。图 1-5a 是最基本的 SiC SBD 结构，由阳极金属和 SiC 外延层形成肖特基势垒，而阴极金属和衬底形成欧姆接触构成。虽然随着外延层质量的提高和厚度的增加，常规 SiC SBD 的耐压不断提高[80]，但是由于 SiC SBD 反偏时，SiC 表面承受的电场强度高，导致肖特基势垒下降，SiC SBD 的反向漏电流较大[81]。为了减小基本 SiC SBD 器件反偏时势垒的下降，需要降低 SBD 反偏时的电场强度。参考文献［80］提出采用如图 1-5b 所示的结势垒肖特基（Junction Barrier Schottky，JBS）的结构，通过在阳极附件注入 P^+ 型区域和 N 型外延层形成 PN 结，用于屏蔽 JBS 反偏时肖特基势垒附近的电场强度。

需要指出的是，在 JBS 二极管中，P^+ 注入层和与其接触的阳极金属之间形成的欧姆接触电阻较大，这样可以避免 JBS 正偏时 PN 结参与导电。如果 P^+ 区域和阳极金属形成良好欧姆接触，就可以构成如图 1-5c 所示的 SiC 混合 PIN 肖特基（Merged PIN Schottky，

5

MPS）二极管。MPS 二极管正偏时 PN 结参与导电，可以增强器件的抗浪涌电流的能力和长时间工作的可靠性[82]。目前主流的商业化 SiC 肖特基二极管均是 JBS 或 MPS[83]。

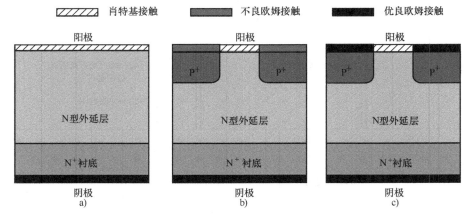

图 1-5 SiC SBD 的结构演进示意图

a）基本 SiC SBD　b）SiC JBS　c）SiC MPS

2. SiC MOSFET 的结构发展

SiC MOSFET 结构和 Si MOSFET 结构类似，主要分为如图 1-6a 所示的垂直型双离子注入 MOSFET（Double Ion Implanted MOSFET，DMOSFET）和如图 1-6b、c 所示的沟槽型 MOSFET 两大类。其中图 1-6b 中仅栅极存在 U 形槽，而图 1-6c 中的栅极和源极均存在 U 形槽，所以图 1-6b、c 中 MOSFET 分别称为 UMOSFET 和 DUMOSFET。

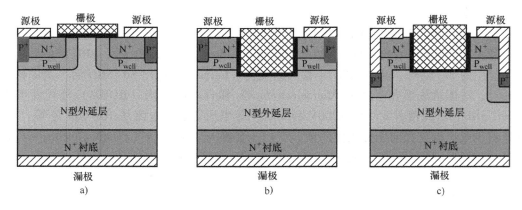

图 1-6 DMOSFET、UMOSFET 和 DUMOSFET 结构示意图

a）DMOSFET　b）UMOSFET　c）DUMOSFET

其中，在 DMOSFET 中，由于氧化层界面处的电场强度较高，不仅导致氧化层的质量和稳定性下降，同时造成氧化层和外延层界面处表面态的增大，进而导致沟道内载流子迁移率下降，器件的导通电阻较大[84]。为了解决这一问题，Cree 公司通过改进器件的制造工艺和优化掺杂技术，不断减小 DMOSFET 的特征导通电阻[85]。而 ROHM 公司则在推出图 1-6b 所示的 UMOSFET 的基础上，进一步提出如图 1-6c 所示能够减小氧化层电场强度的 DUMOSFET[86]。

3. GaN HEMT 的结构发展

目前垂直结构的 GaN 器件仍处于研发阶段，而商业化生产的 GaN 器件则是平面型结构。典型的平面型 GaN 高电子迁移率晶体管（High-Electron-Mobility Transistor，HEMT）的结构如图 1-7a 所示，在正常情况下，在 GaN 缓冲层和 AlGaN 势垒层接触面的异质结处，由于材料自发极化和压电极化而存在高电子迁移率的二维电子气形成导电沟道，所以这种结构的器件是一种耗尽型器件，并不适合实际应用。

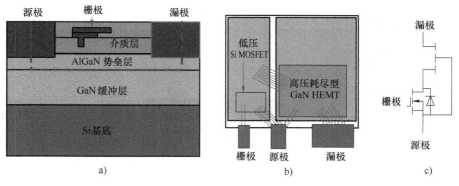

图 1-7　共源共栅（Cascode）结构常闭型 GaN HEMT

为了解决这一问题，提出了两种解决方案。第一种方案是如图 1-7b 所示的采用高压耗尽型 GaN HEMT 和低压 Si MOSFET 通过片上互连线构成如图 1-7c 所示的共源共栅（Cascode）结构[87-88]。相比于低压 Si MOSFET，Cascode 结构的 GaN HEMT 虽然能够减小导通电阻，但是由于封装引入较大的寄生电感，所以这种器件更适合工作于能够实现零电压开通（Zero Voltage Switching，ZVS）的变换器中[89]。相比之下，第二种方案的如图 1-8 所示的多种增强型 GaN（enhanced GaN，eGaN）由于结构紧凑，引入的寄生参数较小，而且动态电阻可以通过加入场板等技术得到有效控制，因而比 Cascode 结构更具有吸引力[87]。目前商业化生产的 eGaN 主要采用的结构是如图 1-8a、b 所示的 P 型栅极，其电压为 30～650V，电流为 7～90A。eGaN 由于导通电阻小，寄生电容小，开关速度快，易于实现软开关，而且没有反向恢复效应，因此非常适合应用于高效率和高功率密度的中小功率的功率变换器中。

1.1.3　宽禁带器件在电力电子变换器中的典型应用

目前虽然宽禁带器件的成本仍然高于 Si 器件，但是宽禁带器件更高的工作温度以及带来的无源器件和散热器体积的减小，不但有利于提高变换器的功率密度，同时有利于降低变换器的系统成本。此外，宽禁带器件带来的功率变换器效率的提升所节约的电能和电池工作时间的延长也能够补偿采用宽禁带器件所带来的成本增加。

根据美国橡树岭国家实验室发布的宽禁带器件在电力电子的应用报告可以看出[90]，在短期内宽禁带器件尤其是 SiC 器件会在数据中心、光伏发电、电机驱动、轨道交通和电动汽车这 5 个领域具有非常大的应用潜力。功率半导体器件在这些应用领域的电压和功率等级分布如图 1-9 所示。从图中可以看出，目前 GaN HEMT 主要应用于电压低于 650V、功率低于 100kW 的应用场合。而 SiC 二极管、SiC MOSFET 和 SiC 功率模块的电压等级在 600~1700V，应用于功率等级低于 500kW 的应用场合。虽然目前 3.3kV 和 10kV 电压等级的 SiC MOSFET 即将商用，而且 10kV 的 SiC MOSFET 不需要多个模块的级联就可以应用于中高压应用场合，但是受通流能力的限制，在高功率和大电流场合还无法替代传统 Si 器件。

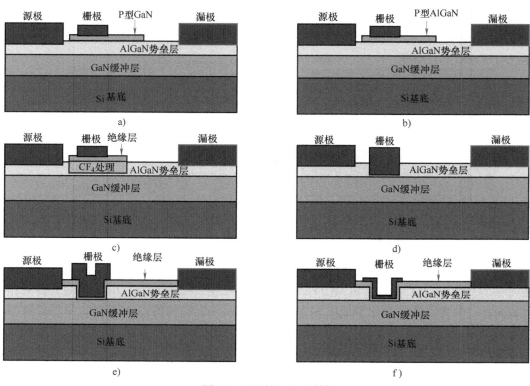

图 1-8　不同的 eGaN 结构

a）栅极加入 P 型掺杂 GaN　b）栅极加入 P 型掺杂 AlGaN　c）栅极 AlGaN 势垒层等离子处理

d）栅极 AlGaN 势垒层刻蚀　e）栅极绝缘刻蚀　f）MIS 结构示意图

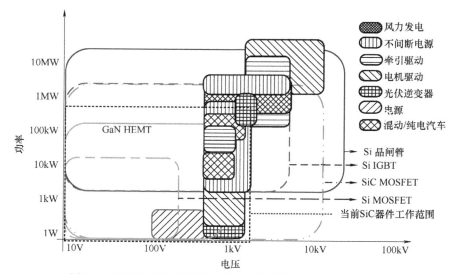

图 1-9　不同电压和功率等级的宽禁带器件在应用领域的分布

1. 数据中心

由参考文献［90-91］可知，现代数据中心电能分配架构主要有图 1-10a 所示的交流母线架构和图 1-10b 所示的直流母线架构两种。相对于交流母线架构，直流母线架构可以省去交流母线架构中不间断电源（Uninterrupted Power Supply，UPS）中的逆变器、电能分配单元（Power Distribution Unit，PDU）中的变压器和供电单元（Power Supply Unit，PSU）中的整流器，因此效率更高，代表着未来数据中心供电架构的发展方向。

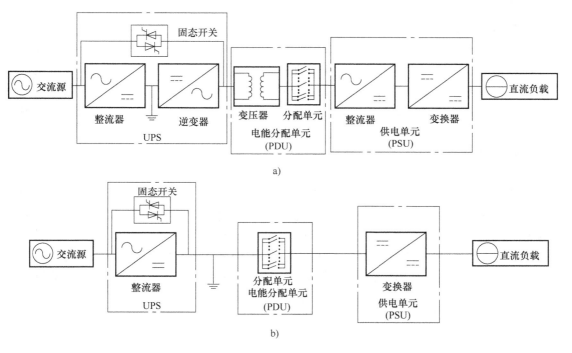

图 1-10　数据中心的供电架构

a）交流母线架构　b）直流母线架构

采用传统 Si 器件和宽禁带器件实现的两种供电架构中各个电能变换环节的效率对比见表 1-1[90-91]。

表 1-1　采用传统 Si 器件和宽禁带器件实现的交流母线架构和
直流母线架构中电能变换环节的效率对比

架构类型	功率器件	UPS 效率	PDU 效率	PSU 效率	总效率
交流母线架构	Si 器件	85%~95%	94%~97%	76%~93%	75%
	宽禁带器件	98%	98%	95%	91%
直流母线架构	Si 器件	95%	97%	90%	83%
	宽禁带器件	99%	99%	96%	94%

从表 1-1 中可以看出，数据中心无论采用交流母线架构还是直流母线架构，采用宽禁带器件均能够显著减少电能变换中的损耗，提高变换器的效率。由于现代数据中心消耗的电能越来越高，提高数据中心变换器效率可以节约大量的电能。

2. 光伏发电

随着技术的成熟和价格的下降，宽禁带器件逐渐用于光伏发电系统中以提高光伏变换器的效率，同时减小无源器件和散热装置的体积和成本。参考文献［92］中，日立公司采用并联的 SiC 模块实现了 160kW、峰值效率 99.1% 的光伏逆变器。日本富士电气采用全 SiC 功率模块实现了 1MW 的光伏逆变器，逆变器效率在 98% 以上[93]。通用电气在 2016 年商业化生产了基于 SiC 器件的 MW 功率等级的高效率风冷光伏逆变器[94]。

3. 电机驱动

据统计，电机消耗的电能占全球总发电量的 35%~40%，所以变速驱动（Variable Speed Driver，VSD）系统在现代电机驱动中的使用量越来越大，能显著减少电机运行中的能量损耗[95]。宽禁带器件的使用不仅可以减小驱动变频器的损耗、体积和重量，便于 VSD 系统与电机的集成，而且可以减小电机的电流纹波，降低变频器运行过程中的人耳可听的噪声，同时也更加适用于高速电机的驱动[96]。

4. 轨道交通

宽禁带器件目前在轨道牵引机车中的辅助变换器和牵引变频器中逐渐得到应用[97]。三菱将 SiC 器件应用于轨道车辆的辅助供电变换器中，与采用 Si 器件的辅助变换器相比，采用 SiC 器件实现的辅助变换器系统整体损耗降低 30%，整体体积降低 20%，系统总重降低 15%，而且由于输出电压的畸变率减小 35% 使得变压器的噪声下降 4dB[98]。

日立公司在 2014 年将 3.3kV/1200A 的 SiC SBD 和 IGBT 混合模块用于轨道交通牵引逆变器中，相比于采用传统 IGBT 的实现方案，采用混合模块实现的牵引逆变器将系统总体损耗降低近 35%，系统总重减小近 40%，而且体积减小近 30%，采用混合模块和传统 IGBT 模块实现的变频器对比如图 1-11 所示[99]。

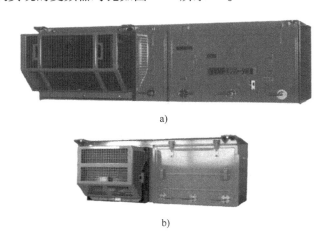

a)

b)

图 1-11　轨道牵引逆变器装置对比
a）采用传统 IGBT　b）采用 IGBT 和 SiC SBD 构成的混合器件

5. 电动汽车

根据电池容量的大小，电动汽车可以细分为电池供电汽车（Battery Electrical

Vehicle，BEV)、插电式混合动力汽车（Plug-in Hybrid Electrical Vehicle，PHEV）和混合动力汽车（Hybrid Electrical Vehicle，HEV)，这3种电动汽车的电池容量依次减小。除HEV不含车载充电器外，电动汽车中的电能变换主要有车载充电器、电机驱动逆变器和低压辅助变换器，这3种变换器的电压功率等级以及采用常规Si器件和宽禁带器件实现时的性能对比见表1-2[90]。

表1-2 采用不同功率器件的电动汽车功率变换器参数对比

类型	车载充电器	电机驱动逆变器	低压辅助变换器
功率	~3.3kW	12~400kW	1~10kW
输入电压	120~240V	200~400V	200~400V
输出电压	200~400V	100~650V	12~48V
Si器件效率	85%~93%	83%~95%	85%~90%
SiC器件效率	95%~96%	96%~97%	96%~99%
GaN器件效率	94%~98%	不适用	95%~99%
器件等级	600~900V分离器件	600~1200V分离器件或功率模块	600~900V分离器件

从表1-2中可以看出，采用宽禁带器件替换传统Si器件可以显著提高电动汽车功率变换器的效率，同时宽禁带器件较高的工作频率和工作温度非常有利于减小无源器件和散热器的体积，提高变换器与电机的集成度，减轻整车的重量，延长电动汽车的行驶里程。

1.2 宽禁带功率半导体器件的建模研究现状

宽禁带器件由于开关速度比较快，所以门极驱动和主功率回路参数对开关过程中的应力和振荡有严重的影响，同时快速变化的电压和电流变化率也很难进行准确的测量，也就难以准确计算开关损耗[100-104]。采用宽禁带器件实现的功率变换器经常会遇到由于门极驱动或主功率回路参数控制不合理而带来的电压应力过高、门极电压过冲、串扰导通和严重的开关振荡等问题。为了解决这一问题，最直接的办法就是增大驱动电阻，减慢开关速度，但是这种以牺牲开关损耗为代价的解决办法并不能充分发挥宽禁带器件的优势，因此并不是一种可取的办法。所以往往不得不重新设计变换器的驱动回路和功率回路，通过优化布局布线以减小寄生参数带来的影响。这一设计过程往往需要通过反复迭代进行，直到解决高速开关带来的诸多问题为止。以上这种功率变换器的迭代设计方法不仅开发周期长、开发成本高，而且难以实现功率变换器的优化设计。

为了能够改变这种传统功率变换器硬件迭代设计的弊端，工业界一直希望能够借助准确的电路仿真模型更加透彻地理解宽禁带器件的动态开关过程，以及门极驱动速度和主功率回路寄生参数对开关应力、开关损耗和开关振荡的影响，从而在设计之初就能够通过驱动电路、吸收电路和主功率回路的设计，实现宽禁带器件开关损耗和开关应力的优化折中，同时抑制门极串扰的发生。能够用于电路仿真，且对宽禁带器件静态和动态特性进行准确建模的器件模型成为实现这一目标的关键，因而宽禁带器件的建模成为当前宽禁带器件研究中的一个热点。

1.2.1 功率半导体器件模型分类

根据建模方法的不同，功率半导体器件模型大致可以分为行为模型、半物理模型和物理模型[105-107]3 种，每一种模型的特点如下。

1. 行为模型

行为模型不考虑器件的物理特性，只需要能够在一定的端口电压下准确地描述器件的非线性寄生参数以及流过器件的电流。行为模型一般由经验公式构成，经验公式中参数通过参数拟合实现。行为模型不仅易于实现，而且仿真速度快，同时能够准确地仿真器件的动静态行为，非常适用于功率变换器设计。

2. 半物理模型

半物理模型是介于行为模型和物理模型之间的一种仿真模型，因为在经验公式中需要部分考虑器件的物理效应，所以这种仿真模型能够提高行为模型的准确度。但是由于半物理模型中的大多数参数不具有物理意义，所以半物理模型在实现经验公式和物理模型之间的结合上往往比较困难。

3. 物理模型

物理模型是完全从半导体物理理论出发，在考虑各种物理效应和物理参数的条件下，通过求解载流子方程实现对半导体器件的准确建模。这种模型求解过程复杂，往往需要借助于数值计算软件 TCAD(Technology Computer-Aided Design) 才能进行求解。这种建模方法的优点是准确性高，但是建模门槛较高，建模工作量大，模型求解需要大量的计算时间和计算量，所以并不适合应用于功率变换器仿真。

当前关于宽禁带器件建模的研究大多是从满足功率变换器仿真的目标出发，建立宽禁带器件的行为模型，而且建模主要是围绕市场前景广阔的 SiC SBD、SiC MOSFET 和 GaN HEMT 展开。其中，SiC SBD 由于结构相对简单，行为模型的建立相对比较容易，参考文献 [108-109] 中提出的建模方法能够对 SiC SBD 展开准确的建模。然而，对于 SiC MOSFET 和 GaN HEMT，由于它们的结构复杂，而且非线性度高，所以关于这两种器件的建模工作仍处在不断完善的阶段。

1.2.2 SiC MOSFET 建模发展现状

SiC MOSFET 由于性能优良，且适用于中高压及大功率应用场合，具有广阔的市场前景，所以国内外研究人员均对 SiC MOSFET 的模型展开了大量的研究。

1. 国外发展

国外学者关于 SiC MOSFET 的建模主要分为半物理模型和行为模型两种，而且以行为模型为主。参考文献 [110-111] 建立了可用于电路仿真的 SiC MOSFET 半物理模型，尽管所建立的模型准确度较高，但是模型中含有与器件设计与制造相关的物理参数，而一般来说这些物理参数是不对外公开的，所以这种建模方法的建模门槛较高，并不适合广泛使用。相比之下，能够准确描述器件电压电流特性的行为模型更受电力电子设计人员的青睐。参考文献 [112] 通过改进 PSpice 内置的 MOSFET 模型，建立了 SiC MOSFET 准确的电热模型，但是这种建模方法并不具有通用性，同时关于非线性电容的建模并没有展开详细的分析。参考文献［113］采用多个分段函数逼近 SiC MOSFET 的转移特性曲线和输出特性曲线，这种建模方法依赖于大量的测量数据，所以建模的工作量比较大。参考文献［114］中采用改进的 EKV 模型能够对较高门极电压下的 SiC MOSFET 的静态特性进行准确建模，但是在较低的门极电压下，模型的准确度较低。参考文献［115-117］采用分段函数对 SiC MOSFET 线性工作区和饱和工作区的静态特性展开建模，但是由于 SiC MOSFET 线性区和饱和区的边界难以划定，严重影响到参数提取的准确性。而且这种建模方法的参数提取过程往往需要分多个步骤展开，所以参数提取的工作量也较大。

2. 国内发展

国内方面，清华大学的研究人员提出了如图 1-12 所示的 SiC MOSFET 的变温度参数行为模型[118]，该行为模型是对 PSpice 内置 MOSFET 模型的一种改进，通过在原有模型中加入温控电压源 E_{TEMP} 和温度补偿受控电流源 G_{TEMP}，实现了对 10kV SiC MOSFET 静态电热特性的准确建模；同时采用复杂的子电路模型对 SiC MOSFET 的非线性电容展开了准确的建模。

基于相同的思路，参考文献［109，119-120］均采用改进的 PSpice 内置 MOSFET 模型对 SiC MOSFET 展开建模，但是所建立的模型的准确度不够高。参考文献［121］基于开关过程分析，建立了 SiC MOSFET 半桥电路的解析模型，并对解析模型展开了数值求解，用于研究不同电路参数对半桥电路开关过程的影响。这种解析模型建立在简单的器件模型基础上，同时大多没有考虑

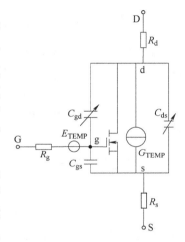

图 1-12　SiC MOSFET 的变温度
参数行为模型

器件非线性寄生电容和电感效应，不仅准确度较低，同时建模过程复杂，因此并不适合实际应用。参考文献［122］中采用分段函数对 SiC MOSFET 的静态特性进行建模，虽然模型的准确度较高，但是这种静态模型建模公式不够简洁，同时所建立的模型也不是电热模型。参考文献［123］提出一种简洁的经验公式用于 SiC MOSFET 静态电热特性的准确建模，并采用了一种基于数据手册数据实现模型参数拟合的方法。但是模型中没有考虑寄生电感对器件动态特性的影响，同时 SiC MOSFET 体二极管模型中没有考虑门极电压的影响，因此体二极管模型也不够准确。

1. 2. 3　GaN HEMT 建模发展现状

GaN HEMT 开关速度非常快，在实际应用中经常造成严重的开关振荡、较大的电压应力和严重的门极串扰等问题，增大了功率变换器的设计成本和设计周期。所以，长期以来一直迫切需要一种准确且可靠的 GaN HEMT 仿真模型，可以用于辅助功率变换器的分析和设计。目前 GaN HEMT 建模工作仍处于不断完善阶段，尚没有简单准确的建模方法[124-125]。GaN HEMT 的模型主要分为物理模型和行为模型两种。其中，基于表面势理论[126-127]和基于电荷理论[128-129]的物理模型需要器件制造参数，而且模型计算量大，所以物理模型并不适用于电路仿真。而基于经验公式的行为模型由于准确度高、

计算量小，更适用于功率变换器仿真设计。参考文献［130］中改进适用于砷化镓器件的经验模型用于 GaN HEMT 的建模，所建模型的准确度不高。参考文献［131］中采用 PSpice 内置的 MOSFET 模型对 GaN HEMT 进行建模，所建立的模型不仅不是电热模型，也不能准确描述 GaN HEMT 在第三象限的工作特性，模型的动态工作特性也没有通过实验进行验证。参考文献［132］采用分段函数对 GaN HEMT 在第一、三象限的静态特性展开建模，尽管所提模型在第三象限的准确度较高，但是在第一象限静态工作特性的仿真结果和实验存在较大偏差。同时，参考文献［132］的建模过程依赖大量的测量数据，增大了建模的难度、成本和工作量。

1.3　宽禁带功率半导体器件在应用中面临的挑战

宽禁带器件由于寄生电容小、开关速度快，在实际应用中存在严重的关断过电压、开通过电压、串扰导通、开关振荡和 EMI 噪声等问题。所以，简单地用宽禁带器件替换功率变换器中的 Si 器件不仅不能发挥宽禁带器件工作频率高、开关损耗小的优势，反而会造成宽禁带器件过电压击穿、功率半桥直通、剧烈的开关振荡和严重的 EMI 噪声等问题。

1.3.1　开通过电压

功率半桥电路中的器件在关断时造成的漏源电压过电压（简称为关断过电压）问题已经被广泛分析，并提出了多种抑制方法[134-135]。然而，功率半桥电路中器件硬开通所造成的对管漏源电压过电压（简称为开通过电压）问题却很少有人分析。这主要是由于在传统硅基功率半桥电路中，功率器件的开通速度不够快，没有出现明显的开通过电压。然而，在由宽禁带器件组成的功率半桥电路中，器件快速开通导致的开通过电压却比较严重，在一定的开关条件下开通过电压甚至比关断过电压更加严重，所以功率半桥电路中的开通过电压问题逐渐引起国内外研究人员的重视。

参考文献［136-137］研究了 SiC MOSFET 功率半桥电路中的硬开通过电压问题，文中基于 SiC MOSFET 硬开通过程的分解，指出硬开通造成的对管漏源电压过冲发生在硬开通器件开通过程的漏源电压下降阶段，并且指出开通过电压是由于器件的漏源电容和主功率回路杂散电感谐振造成的。这对于定性地理解开通过电压的来源非常有帮助，但是却无法定量计算开通过电压的大小，也没有提出抑制开通过电压的方法。参考文献［138］对 SiC MOSFET 半桥电路的开通过电压问题展开解析分析和实验研究，并通过解析分析结果和大量的实验数据得出开通过电压与负载电流无关的结论。同时，文中指出基于开通过程分解推导的漏源电压电路方程由于过于复杂，无法求取开通过电压的解析解；并进一步采用神经网络算法建立 SiC MOSFET 的仿真模型，借助仿真模型研究开通过电压问题。尽管参考文献［138］中仿真得到的开通过电压峰值和实验测量结果的误差在 10% 以内，但是文中并没有给出 SiC MOSFET 建模的详细过程，所以基于参考文献［138］也无法定量分析和抑制 SiC MOSFET 半桥的开通过电压。

1.3.2　串扰导通

在功率半桥电路中，功率器件的硬开通会造成对管漏源电压的快速上升。快速上升的漏源电压会导致较大的位移电流通过栅漏电容耦合进入门极关断回路，由于门极关断回路阻抗的存在，会造成处于关断状态的器件的门极电压上升。如果串扰到门极的位移电流足够大，且门极关断回路阻抗设置得不合理，就可能会造成门极串扰电压高于器件的门槛电压而误导通。对于宽禁带器件来说，由于其开关速度更快，造成的门极串扰问题也更加严重。半桥电路中的串扰如果不加以抑制，不仅会增大器件的开关损耗，而且严重的串扰可能会造成桥臂直通，降低功率变换器的可靠性。

1. 半桥电路串扰问题分析方法

根据分析模型的复杂程度，现有的半桥电路串扰问题分析方法主要可以划分为简单解析模型、基于开关过程分解的解析模型和考虑器件非线性效应的复杂解析模型。参考文献［21-23］中采用简单解析模型分析硅基 MOSFET 构成的半桥电路中的串扰问题，基于该解析模型，能够说明在 Cdv/dt 激励作用下，门极串扰电压与漏源电压上升率和栅漏电容 C_{gd} 与栅源电容 C_{gs} 的比值 C_{gd}/C_{gs} 之间的关系。然而，由于激励模型和电路模型均比较简单，不能准确地计算出门极串扰电压，只能基于该分析结果提出几种定性的串扰抑制方法，并不能分析串扰的强度，也不能计算串扰造成的损耗大小，同时也没有考虑功率 MOSFET 体二极管的反向恢复特性以及器件共源电感的影响。

参考文献［24］在开通过程分解的基础上，建立了考虑半桥电路所有寄生参数和电路参数对门极串扰电压分析的解析模型，并将体二极管反向恢复特性和共源电感对串扰的影响考虑在内。文中采用定性分析和参数化实验验证结合的方法，透彻分析了几乎所有寄生参数和电路参数对门极串扰电压的影响，对于理解半桥电路门极串扰的根本原因以及寻找抑制门极串扰的方法有指导作用。然而，由于这种解析模型没有考虑器件跨导和寄生电容的非线性特性，同时解析模型建立和求解过程均比较复杂，不能有效地用于实际设计。参考文献［28］同样在开通过程分解的基础上，在考虑体二极管反向恢复和共源电感影响的条件下，给出了分析半桥电路门极串扰电压的解析方法。与参考文献［24］采用数值方法求解门极串扰电压的方法不同，参考文献［28］通过一定的简化处理，求取了门极串扰电压关于器件寄生参数、电路参数和电路杂散参数的解析表达式以方便工程应用。然而，由于器件寄生参数的非线性特性，寄生参数不同取值将导致计算结果出现较大偏差。所以，这种不考虑器件寄生电容非线性特性的解析分析方法在实际应用中的准确度和可靠性并不高。

参考文献［25］首先在 GaN 器件动静态特性测量的基础上建立了准确但非常复杂的器件行为模型，然后在此基础上建立了整个半桥电路的解析模型用于分析半桥电路中门极串扰问题。参考文献［25］通过大量的实验波形验证了含准确器件模型的半桥电路解析模型的正确性，并采用仿真模型分析了不同电路参数对门极串扰电压的影响。但是文中 GaN 器件的建模公式过于复杂，而且模型参数拟合也依赖于大量的器件动静态特性测量数据，器件建模的成本和工作量均比较大；同时，文中并没有建立半桥电路系统的 Spice 模型，而是在 MATLAB 中进行数值求解，增大了系统模型建立的难度和复杂度。尽管仿真得到的门极串扰波形和实验结果比较吻合，但是这种分析方法并不适合实际应用。

2. 半桥电路串扰问题抑制方法

在采用解析方法分析了半桥电路串扰问题的根本来源之后，现有文献从器件选型、减小串扰激励、门极关断回路优化设计和先进的门极驱动技术等角度提出了抑制串扰的方法。

（1）器件选型　参考文献［21-22，29］指出，由于串扰的强度与栅漏电容 C_{gd} 和栅源电容 C_{gs} 的比值 C_{gd}/C_{gs} 成正比，所以可以选用 C_{gd}/C_{gs} 比值较小且门槛电压 V_{th} 较高的功率器件以避免门极串扰导通。但是由于门槛电压 V_{th} 和器件导通电阻成反比［30］，所以选用 V_{th} 高的器件可能会增大器件的导通损耗。

（2）减小串扰激励　由参考文献［23-24，28］可知，半桥电路中串扰激励主要有两种来源，分别是漏源电压快速上升时通过栅漏电容耦合到门极关断回路的位移电流造成的容性激励和共源电感造成的感性激励。所以，可以从减小这两种串扰激励的角度进行串扰抑制。常见的减弱串扰激励的方法主要有增大门极开通电阻减慢开通速度、减小主功率回路电感和减小共源电感等方法［24-25，28］。然而，减慢器件开通速度还需要综合考虑器件开关损耗的增大。而共源电感在器件开关过程的不同开通阶段的影响不一致，实际设计中共源电感调节需要根据解析或仿真模型进行选择［25，28］。

（3）门极关断回路优化设计　根据参考文献［24］的分析，栅漏电容造成容性激励，门极串扰电压随门极关断回路阻抗的增大而增大；然而在共源电感造成的感性激励下，结果正好相反。所以，需要根据解析模型判断门极关断回路阻抗的优化设计方向。对于含开尔文源极功率器件，由于其基本不含共源电感，所以，可以尽量减小门极关断阻抗以最小化串扰电压。

（4）先进的门极驱动技术　当从门极驱动角度抑制串扰电压时，最直接的方法就是采用负压关断功率器件。然而，负压驱动增大了驱动设计的成本和复杂度，同时增大了 MOSFET 反向续流损耗和门极反向击穿风险，所以需要通过分析和实验确定门极最优负压的大小［24-25］。参考文献［31］提出了一种新型的智能驱动技术，能够实现在不至于过分增大续流损耗的条件下有效地抑制门极串扰的发生。参考文献［32］提出了一种门极阻抗调节驱动技术，通过在门极并联一个由辅助晶体管和电容串联的电路并结合合理的时序控制，实现在不影响器件开通和关断速度的条件下抑制门极串扰的发生。与以上两种串扰抑制驱动方案的思路均不同，参考文献［33］设计了一款工作在 6.7GHz 频率下的集成驱动芯片，该驱动芯片可以在 GaN HEMT 10ns 左右的开关时间内，在每 150ps 时间内，实现驱动电阻在 0.12~64Ω 之间的动态变化，通过控制半桥电路中器件开通阶段的驱动电阻，同时动态改变处于关断状态器件的门极阻抗，实现在不减慢器件开关速度的同时抑制串扰的发生。

1.4　本章小结

以 SiC 和 GaN 为代表的第三代半导体材料的禁带宽度更宽，由此构成的可控型宽禁带功率半导体器件具有比同等耐压等级的硅基器件更低的导通电阻，使得制造高耐压和低导通电阻的单极性功率半导体器件成为可能。其中，SiC SBD，SiC MOSFET 和

GaN HEMT 是最常用的 3 种宽禁带功率半导体器件，这些器件的应用能显著提高功率变换器的开关频率和功率密度，因此在光伏逆变器、服务器电源、工业变频驱动、新能源汽车和轨道交通驱动等场合发挥着越来越重要的作用。

　　本章从宽禁带材料的优势、宽禁带器件结构发展、宽禁带器件建模技术发展和宽禁带器件在应用中面临的挑战等几个方面对宽禁带器件展开了系统的介绍，对于系统地了解宽禁带器件的发展现状、性能优势、应用中面临的问题及解决办法和宽禁带器件的应用前景，具有一定的指导价值。

第 2 章
宽禁带功率半导体器件电热行为模型

为了最大限度地发挥宽禁带功率半导体器件的优势，同时分析和预测宽禁带器件在功率变换器中的性能表现，高频宽禁带器件的建模已成为宽禁带器件研究的热点之一。目前宽禁带器件建模的研究主要围绕建立适用于电路仿真的行为模型展开。然而，现有的建模方法大多依赖于大量的器件静态和动态参数的测试，而宽禁带器件的测量仪器均比较昂贵，增加了器件建模的成本。同时，现有宽禁带器件的建模方法还存在建模公式复杂、模型准确性低、模型参数提取过程烦琐和建模方法通用性低等问题。

本章在现有文献的基础上，提出一种建立 SiC MOSFET 和 GaN HEMT 准确行为模型的方法，用于辅助研究宽禁带器件的行为特性，指导宽禁带器件在电力电子变换器中的应用。相比于现有的建模方法，本章提出的建模方法具有建模公式简洁、模型准确度高、模型参数提取经济简单和建模方法通用性好等优点。对于准确仿真器件的动静态特性，提高宽禁带器件在功率变换器中的应用具有积极的意义。

2.1　SiC MOSFET 电热行为模型

SiC MOSFET 具有输入电容小、开关速度快、导热系数高和耐高温等优点，因此能够工作在更高的开关频率和环境温度下，从而较大程度地减小无源器件的体积与重量，显著提高功率变换器的效率和功率密度，已成为替换传统硅基 IGBT 器件的首选器件。当前，基于 SiC MOSFET 的功率变换器在国内外均得到广泛重视和研究，然而在实际应用中，SiC MOSFET 较快的开关速度却带来了严重的电压电流应力、开关振荡、串扰导通和 EMI 等问题。所以，工业界和学术界一直希望开发出可用于功率变换器仿真的 SiC MOSFET模型。

本节首先基于 SiC MOSFET 的结构特点，指出采用 PSpice 内置的模型建立 SiC MOSFET模型存在的不足，并提出一个简洁的方程用于准确描述 SiC MOSFET 在第一象限的静态电热特性，同时对 SiC MOSFET 的寄生体二极管的静态电热特性进行准确的建模。然后采用参考文献［12］提出的建模公式对 SiC MOSFET 的非线性寄生电容进行准确建模。接着，根据数据手册提供的数据拟合所有建模公式中的参数，并采用阻抗分析仪测量并计算出 SiC MOSFET 的寄生电感。最后，通过 Spice 仿真和实验验证本节提出的 SiC MOSFET 模型的正确性。

2.1.1　SiC MOSFET 电热模型

图 2-1 所示是垂直双注入 SiC MOSFET 典型结构示意图，图中，端口 D、G 和 S 分别代表器件的漏极、栅极和源极，各端口电极之间通过氧化层或不同掺杂浓度的半导体形成寄生电容。图 2-1 中 SiC MOSFET 的主体结构由受栅极电压控制的横向 MOSFET、JFET 区和垂直漂移区构成。

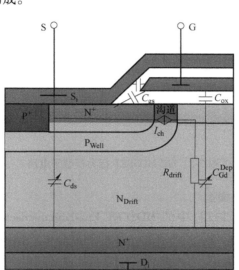

图 2-1　SiC MOSFET 结构示意图

SiC MOSFET 在正常工作时，漏源电压 V_{ds} 在器件的 JFET 区和垂直漂移区有部分压降。然而，由于实际测量器件静态特性时，只能测量漏极和源极端口电压而无法确切知道垂直漂移区上的压降，也就无法计算出横向 MOSFET 上的压降。所以在现有文献中，采用适用于低压 MOSFET 的 PSpice 内置模型对高压 SiC MOSFET 进行建模均未能得到准确的建模结果。

基于图 2-1 所示的 SiC MOSFET 结构，可以得到描述 SiC MOSFET 动静态特性的子电路，如图 2-2 所示。

在图 2-2 中，采用受门极电压 V_{gs}、漏源电压 V_{ds} 和结温 T_j 控制的受控电流源 I_{ds} 描述 SiC MOSFET 的静态特性。栅源电容 C_{gs}、栅漏电容 C_{gd} 和漏源电容 C_{ds} 为器件的非线性寄生电容，而漏极电感 L_d、栅极电感 L_g 和源极电感 L_s 分别是各端口封装引线导致的寄生电感，寄生电容和寄生电感共同决定了器件的动态特性。$R_{g(int)}$ 是器件门极内部电阻，过大的门极内部电阻容易造成器件串扰导通，所以门极内部电阻对器件稳定工作具有重要影响，在建模时也不能忽略。VD_{body} 是 SiC MOSFET 的寄生体二极管，主要决定了 SiC MOSFET 的反向恢复特性和反向续流特性。图中，结温 T_j 和壳温 T_c 通过器件内部的散热网络进行连接，损耗功率由沟道导通损耗和二极管反向续流损耗构成。通过在模型结温 T_j 和壳温 T_c 端口连接外部散热模型，可以仿真不同结温、不同壳温和不同散热条件下 SiC MOSFET 的电热特性。

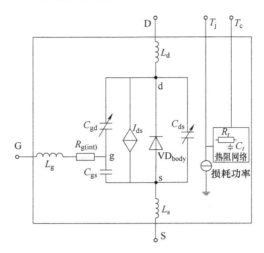

图 2-2 SiC MOSFET 行为模型子电路

1. 静态输出特性电热模型

通过改进参考文献 [133] 中的 MOSFET Enz-Krummenacher-Vittoz（EKV）模型，本小节提出的用于描述 SiC MOSFET 在第一象限的静态电热输出特性的建模公式为

$$I_{ds} = g_m \left(\left[\ln\left(1 + e^{\frac{V_{gs} - V_{th}}{\max(\theta, 1)}} \right) \right]^{a_{10}} - \left[\ln\left(1 + e^{\frac{V_{gs} - V_{th} - \beta}{\max(\theta, 1)}} \right) \right]^{a_{10}} \right) f(V_{ds}) \tag{2-1}$$

式中，g_m 和 V_{th} 均是结温 T_j 的函数，用于对 SiC MOSFET 静态输出特性随温度的变化进行建模，其表达式分别为

$$g_m = a_1 T^2 + a_2 T + a_3 \tag{2-2}$$

$$V_{th} = p_1 T^2 + p_2 T + p_3 \tag{2-3}$$

考虑到门极电压产生的垂直于沟道的电场会阻碍沟道内载流子的迁移速度，所以需要采用随门极电压 V_{gs} 变化的函数 θ 对该效应进行建模，函数 θ 的表达式为

$$\theta = a_4 V_{gs}^2 + a_5 V_{gs} + a_6 \tag{2-4}$$

在 SiC MOSFET 尚未进入饱和区时，沟道电流 I_{ds} 随着漏源电压 V_{ds} 的增大而增大；当进入饱和区后，沟道电流基本不随 V_{ds} 的增大而变化。所以，对式（2-1）中的函数 $f(V_{ds})$ 进行建模，有

$$f(V_{ds}) = \frac{1 + a_7 V_{ds}}{1 + a_8 V_{ds}} \tag{2-5}$$

式（2-1）中采用两个对数函数相减的形式保证在电压 V_{ds} 从 0V 逐渐增大时，电流 I_{ds} 从 0A 开始相应变化；同时，随漏源电压 V_{ds} 变化的函数 β 用于确保当 V_{ds} 足够大时，式（2-1）中的第二个对数函数项趋近于 0。函数 β 的表达式为

$$\beta = a_9 V_{ds} \tag{2-6}$$

在式（2-1）~式（2-6）中，参数 $a_1 \sim a_{10}$ 和 $p_1 \sim p_3$ 均是模型参数。从上面的建模过程可以看出，尽管式（2-1）仅仅是一个经验公式，但是，几种影响 SiC MOSFET 工作特性的物理效应均被考虑在内，所以式（2-1）可以比较准确地描述 SiC MOSFET 静态

电热输出特性。

2. 体二极管静态电热模型

由于 SiC MOSFET 性能优于硅基 MOSFET[139]，而且在某些应用场合，采用体二极管续流能够获得比并联肖特基二极管更大的成本和效率优势[140]，所以 SiC MOSFET 可以作为续流二极管使用[141]。因此，建立准确的体二极管静态电热模型对于准确计算 SiC MOSFET 的反向续流压降和损耗均非常有意义。

为了避免 SiC MOSFET 串扰导通，栅极经常采用负压进行关断。从 SiC MOSFET 数据手册可以看出，SiC MOSFET 反向导通特性不仅与温度有关，而且随着栅极电压的变化而变化，尤其是体二极管门槛电压随着栅极负压绝对值的增大而增大。目前绝大多数 SiC MOSFET 模型均简单地采用 PSpice 内建二极管模型对其进行建模，不能准确描述体二极管导通特性随门极电压的变化特性。鉴于此，本节提出对 SiC MOSFET 的体二极管静态电热特性进行准确建模的公式为

$$I_{sd} = \begin{cases} 0\,(V_{sd} > V_{th}^d) \\ (d_0 T^2 + d_1 T + d_2 V_{gs}^2 + d_3 V_{gs} + d_4)\,e^{d_5/(T+T_0)} \\ (e^{d_6(|V_{sd}| - |V_{th}^d|)} - 1)\,(V_{sd} < V_{th}^d) \end{cases} \tag{2-7}$$

式中，$d_0 \sim d_6$ 是建模参数；V_{th}^d 是体二极管的门槛电压，它是结温 T_j 和门极电压 V_{gs} 的函数，其函数表达式为

$$V_{th}^d = h_0 V_{gs}^2 + h_1 V_{gs} + h_2 T^2 + h_3 T + h_4 \tag{2-8}$$

式（2-8）能够对门槛电压随着结温和门极电压的变化特性进行准确的建模。

3. 非线性寄生电容建模

SiC MOSFET 是单极型器件，不存在像 IGBT 等双极型器件关断时的拖尾电流现象，所以 SiC MOSFET 的动态开关特性主要受寄生电容和寄生电感的影响。SiC MOSFET 数据手册中给出的电容特性曲线一般是输入电容 C_{iss}、转移电容 C_{rss} 和输出电容 C_{oss} 随漏源电压的变化曲线，根据该特性曲线及式（2-9）~式（2-11）可以得到寄生电容 C_{gs}、C_{gd} 和 C_{ds} 随漏源电压 V_{ds} 的变化。

$$C_{gd} = C_{rss} \tag{2-9}$$

$$C_{gs} = C_{iss} - C_{gd} \tag{2-10}$$

$$C_{ds} = C_{oss} - C_{gd} \tag{2-11}$$

从图 2-1 中可以看出，门极电容 C_{gs} 由门极与源极金属电极构成的电容和门极与高掺杂源极形成的电容并联而成，门极电容随着漏源电压的变化基本保持不变[142]，所以在模型中电容 C_{gs} 用恒值电容进行建模。然而，器件的栅漏电容 C_{gd} 和漏源电容 C_{ds} 均是高度非线性的电容，其中栅漏电容增强了门极驱动和功率回路之间的耦合，对器件动态开关过程有显著影响；同时漏源电容不但影响动态开关过程中漏源电压的变化率，而且直接决定了开关过程的振荡特性，所以必须对这两个非线性电容进行准确建模。本节采用参考文献［12］中的非线性电容模型对 C_{ds} 进行建模，有

$$C_{ds} = k_0(1 + V_{ds}(1 + k_1(1 + k_2\tanh(k_3 V_{ds} - k_4))))^{-k_5} \tag{2-12}$$

式中，$k_0 \sim k_5$ 是模型参数。从数据手册可以看出，在漏源电压 V_{ds} 上升的初期，非线性电容 C_{gd} 随着 V_{ds} 上升而陡降；当电压 V_{ds} 大于 20V 左右后，C_{ds} 随着 V_{ds} 升高而缓慢减小。为了在整个 V_{ds} 工作电压范围内准确描述电容 C_{gd}，采用式（2-13）所示的分段函数对 C_{gd} 进行建模：

$$C_{gd} = \begin{cases} m_0\left(1+V_{ds}\left(1+m_1\left(1+m_2\tanh\left(m_3 V_{ds}-m_4\right)\right)\right)\right)^{-m_5} & (V_{ds} \leqslant V_{set}) \\ n_0\left(1+V_{ds}\left(1+n_1\left(1+n_2\tanh\left(n_3 V_{ds}-n_4\right)\right)\right)\right)^{-n_5} & (V_{ds} > V_{set}) \end{cases} \quad (2\text{-}13)$$

式中，$m_0 \sim m_5$ 和 $n_0 \sim n_5$ 是模型参数；V_{set} 对应的电压值一般在 20V 左右。

2.1.2　SiC MOSFET 模型参数提取

本小节基于 CREE 公司生产的 SiC MOSFET 进一步完成对上一小节所提出的模型参数的提取，所选用的器件型号是 C2M0040120D，模型中所有参数均根据该器件的数据手册提供的数据，通过优化算法和参数拟合完成。同时采用 LCR 等效电路拟合阻抗分析仪测量得到的 SiC MOSFET 端口阻抗数据，完成对 TO-247 封装的器件 C2M0040120D 寄生电感的提取。

1. 静态输出特性电热模型参数提取

和参考文献［115-117］中采用多步拟合操作获取模型参数的方法不同，这里根据数据手册提供的不同温度下的输出特性曲线和转移特性曲线数据，通过两步拟合操作提取输出特性电热模型的所有参数，以简化参数提取的工作量和复杂度。首先，根据转移特性曲线中给出的门槛电压提取公式［式（2-3）］中的参数 $p_1 \sim p_3$，然后将数据手册中提供的所有输出特性曲线与转移特征曲线数据代入式（2-1）拟合所有其他参数，拟合结果见表 2-1。

表 2-1　静态输出特性电热模型参数拟合结果

拟合参数	拟合结果	拟合参数	拟合结果
a_1	2.323	a_8	0.4706
a_2	−722.961	a_9	0.1606
a_3	74705.146	a_{10}	34.2337
a_4	−3.3150e-4	p_1	3.0212e-5
a_5	2.699	p_2	−0.01623
a_6	−7.344	p_3	6.1279
a_7	0.378		

2. 体二极管静态工作电热模型参数提取

体二极管静态工作电热模型参数提取的过程也分两步展开，首先，从数据手册中提取不同结温和门极电压下的门槛电压，代入式（2-8）中拟合出相应参数。然后，将数据手册中体二极管的所有特性曲线数据代入建模公式［式（2-7）］，拟合出所有其他参数，拟合结果见表 2-2。

表 2-2　体二极管静态工作电热模型参数拟合结果

拟合参数	拟合结果	拟合参数	拟合结果
d_0	9.111e-4	h_0	3.167e-2
d_1	−0.278	h_1	0.342
d_2	−0.925	h_2	−9.862e-6
d_3	−8.724	h_3	3.912e-3
d_4	61.454	h_4	−2.014
d_5	−338.574	T_0	273
d_6	0.515		

3. 非线性寄生电容模型参数提取

根据数据手册提供的数据和式（2-9）~式（2-11），可以计算出不同漏源电压 V_{ds} 下的电容 C_{gs}、C_{gd} 和 C_{ds}。其中，C_{gs} 用 1.87nF 的恒值电容进行建模。将从数据手册提取的 C_{gd} 和 C_{ds} 随 V_{ds} 的变化数据分别代入式（2-12）式（2-13），得到非线性寄生电容模型参数，拟合结果见表 2-3。

表 2-3　非线性寄生电容模型参数拟合结果

拟合参数	拟合结果	拟合参数	拟合结果
k_0	1691e-12	m_4	−6.6217
k_1	−0.8084	m_5	0.4596
k_2	0.09822	V_{set}	13V
k_3	3.391e-3	n_0	202e-12
k_4	2.228	n_1	−0.013103
k_5	0.518	n_2	54.170
m_0	812e-12	n_3	1.4443e-3
m_1	811.933	n_4	0.7628
m_2	−0.999	n_5	0.4775
m_3	−0.3555		

4. 寄生电感提取

SiC MOSFET 的寄生电感对 SiC MOSFET 开关过程的动态特性有显著影响，尤其是作为共源电感的源极电感。源极电感导致了门极驱动回路和功率回路之间的耦合，而且在开关过程的不同开通阶段，源极电感对门极电压的影响也不相同[24]。漏极电感和源极电感均位于主功率回路中，对开关过程的漏源电压应力及谐振均有重要影响。门极电感对开关过程中门极电压过冲及振荡也有重要影响。

由于 SiC MOSFET 的内部封装结构不公开，所以不能采用 Ansys Q3D 提取其寄生电感，本小节采用 Agilent 公司的阻抗分析仪 4294A 测量 SiC MOSFET 的端口阻抗进而计算其寄生电感。实际应用中，为了尽量减小器件寄生电感带来的漏源电压过冲问题，SiC MOSFET 的封装引线均留得非常短，以尽量靠近印制电路板上的焊接点。所以阻抗测量点也应该尽量短并和实际应用保持一致，如图 2-3a 所示。

图 2-3b~d 中实线所示分别是 SiC MOSFET 漏源端口、栅漏端口以及栅源端口阻抗的测量结果，对应虚线则是根据测量结果，采用 LCR 串联等效电路得到的拟合结果。从图 2-3 中可以看出，LCR 串联等效电路能够比较准确地拟合 SiC MOSFET 的端口阻抗特性，拟合得到漏源电感 L_{ds}、栅漏电感 L_{gd} 和栅源电感 L_{gs} 分别为 6nH、8.5nH 和 11nH，进而可以计算出漏极电感 L_d、栅极电感 L_g 和源极电感 L_s 分别为 1.75nH、6.75nH 和 4.25nH。同时，根据图 2-3d 所示的栅源端口阻抗拟合得到的等效电阻为 1.8Ω，这和数据手册给出的门极内部电阻结果一致。

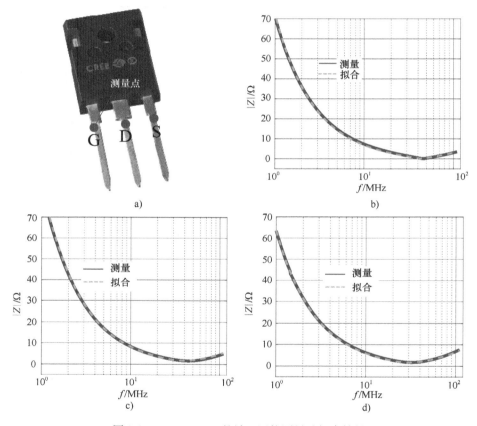

图 2-3　SiC MOSFET 的端口阻抗测量及拟合结果
a）阻抗测量端点　b）漏源端口阻抗　c）栅漏端口阻抗　d）栅源端口阻抗

2.1.3　SiC MOSFET 电热模型仿真验证

根据前两小节给出的建模公式和模型参数，可以采用 Spice 语言实现 C2M0040120D 的仿真模型，并据此验证模型的正确性与收敛性。

图 2-4 和图 2-5 所示分别是根据 Spice 仿真模型得到的 C2M0040120D 在不同结温下的静态输出特性曲线和转移特性曲线与数据手册结果的对比。从图中可以看出，静态

输出特性电热模型能够根据数据手册给出的特性曲线数据对器件的静态工作特性进行准确建模。

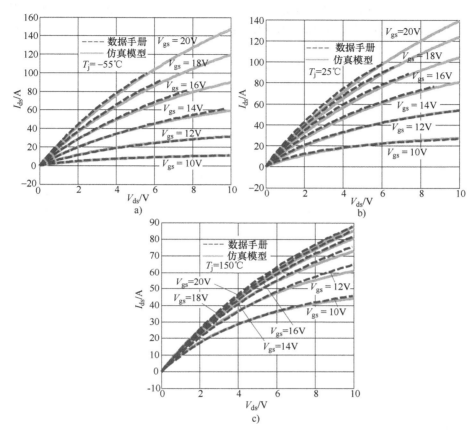

图 2-4 仿真模型和数据手册得到的 C2M0040120D 在不同结温下的静态输出特性曲线对比

a) $T_j = -55°C$ b) $T_j = 25°C$ c) $T_j = 150°C$

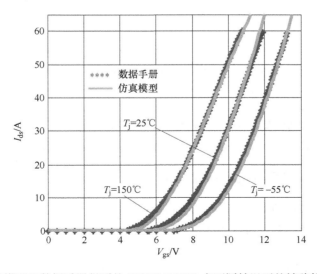

图 2-5 仿真模型和数据手册得到的 C2M0040120D 在不同结温下的转移特性曲线对比

图 2-6 所示是 C2M0040120D 体二极管静态工作特性仿真模型和数据手册数据对比图。从图 2-6 中可以看出，体二极管静态工作电热模型能够对不同结温下的体二极管静态工作特性进行准确建模，同时也能够对门极驱动电压对体二极管工作特性的影响展开准确地建模。因此所建立的 SiC MOSFET 体二极管模型可以用来准确地仿真 SiC MOS-FET 反向续流压降和反向续流损耗。

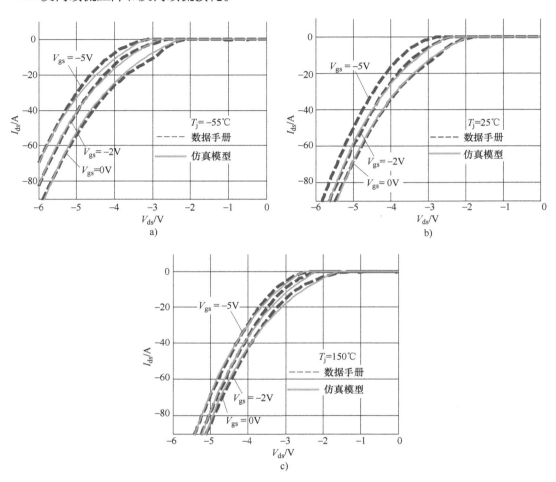

图 2-6　仿真模型和数据手册得到的 C2M0040120D 体二极管静态工作特性对比图

a）$T_j = -55^\circ C$　b）$T_j = 25^\circ C$　c）$T_j = 150^\circ C$

图 2-7 所示是仿真模型和数据手册提取得到的寄生电容的对比结果。从图 2-7 中可以看出，所采用的非线性电容建模方法能够对寄生电容进行准确建模。

2.1.4　SiC MOSFET 电热模型实验验证

上一小节已经通过仿真结果验证了所提模型能够准确拟合数据手册给出的特性曲线，本小节进一步通过双脉冲实验验证仿真模型的正确性。双脉冲测试电路之所以被广泛用于测试器件性能是因为它具有如下优点：

1）双脉冲电路结构简单、易于实现，而且电路的工作电压、电流调节灵活。

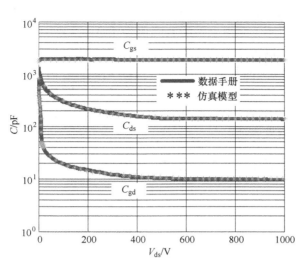

图 2-7 仿真模型和数据手册提取得到的寄生电容的对比结果

2）双脉冲电路是由功率器件构成的半桥电路，而半桥电路是大部分电力电子设备的基本单元，可以反映不同工况下功率器件的工作特性。

3）采用双脉冲电路可以研究不同电路参数对器件开关特性的影响，进而用于指导实际变换器的设计。

双脉冲测试电路原理图如图 2-8 所示，其中点画线框内的上管 V_1 和下管 V_2 是 SiC MOSFET C2M0040120D，实验中上管 V_1 一直处于负压关断状态，双脉冲施加在下管 V_2 门极。在第一个驱动脉冲结束时，负载电感 L_o 中电流上升到等于期望的负载电流 I_o，并在第一个脉冲结束后，通过上管 V_1 的体二极管续流，下管 V_2 在第二个脉冲驱动下

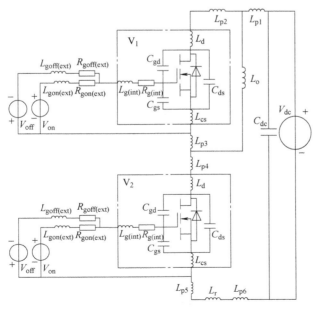

图 2-8 SiC MOSFET 双脉冲测试电路原理图

硬开通，硬开通时负载电流等于 I_o，硬开通时直流母线电压等于 V_o。图中，$L_{p1} \sim L_{p6}$ 是主功率回路中的杂散电感，杂散电感的电感值采用 Ansys Q3D 进行提取。由于 $L_{p1} \sim L_{p6}$ 之间的耦合非常小，所以仿真模型中没有考虑功率回路杂散电感之间互感的影响。V_{on} 和 V_{off} 分别是门极开通和关断驱动电压。$L_{gon(ext)}$ 和 $L_{goff(ext)}$ 分别是门极开通和关断回路外部电感，电感值同样采用 Ansys Q3D 进行提取。$R_{gon(ext)}$ 和 $R_{goff(ext)}$ 分别是门极开通和关断外部电阻，C_{dc} 是直流母线电容。L_r 是同轴分流器引线引入的杂散电感。图 2-8 中的所有电路参数的参数值见表 2-4。

表 2-4　SiC MOSFET 器件测试双脉冲实验电路参数

电路参数	参数值	电路参数	参数值
V_{dc}	600V	L_{p5}	12nH
V_{on}	20V	L_{p6}	10nH
V_{off}	−5V	L_r	9nH
L_{p1}	2nH	$L_{gon(ext)}$	15nH
L_{p2}	30nH	$L_{goff(ext)}$	16nH
L_{p3}	10nH	$R_{gon(ext)}$	10Ω
L_{p4}	2nH	$R_{goff(ext)}$	10Ω

为了方便测量，SiC MOSFET 实验电路板的布局布线并没有经过优化，所以主功率回路上的杂散电感较大。同时，虽然用于电流测量的同轴分流器的带宽较高，但是由于同轴分流器体积较大，会在主功率回路中引入较大的电感，同样会加重器件的开关电压应力。

由参考文献 [104] 可知，为了准确测量器件动态开关特性，测量仪器的带宽必须足够高，而且测量前，需要对探头和通道间的延时进行校准。本实验中采用的测试仪器信息见表 2-5。

表 2-5　SiC MOSFET 实验测量仪器信息

测试仪器	仪器型号	主要性能指标
示波器	TDS3032C	350MHz
高压隔离探头	P5205A	$1300V_{pk}$/100MHz
无源探头	PP019-2	$400V_{rms}$/250MHz
同轴分流器	SDN-414-01	400MHz/0.01Ω

在结温 $T_j = 25°C$ 下，实验测量得到 C2M0040120D 的动态开关波形和仿真结果之间的对比如图 2-9 ~ 图 2-11 所示。

从图 2-9 中可以看出，实验测量得到的开通时的门极电压波形存在严重的振荡，这种振荡主要是由于 TO-247 封装的 MOSFET 存在较大的共源电压。仿真中由于考虑了共源电感的影响，所以仿真得到的门极电压振荡波形和实验结果吻合度较高。图 2-10 中，由于功率回路杂散电感较大，造成漏源电压的关断电压过冲较大。同时，图 2-11b 所示的漏源电流关断波形中存在严重的干扰，这是由于电流测量所用的同轴分流器电阻仅 0.01Ω，电流测量通道容易受到噪声干扰的缘故。综合图 2-9~图 2-11 可以看出，仿真得到的器件 C2M0040120D 动态开关波形和实验测量波形吻合度较高。

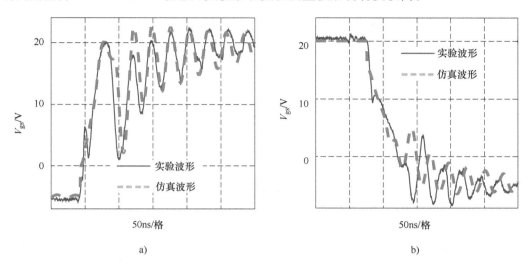

图 2-9　仿真和实验测量得到的 C2M0040120D 门极电压波形对比
a）开通波形　b）关断波形

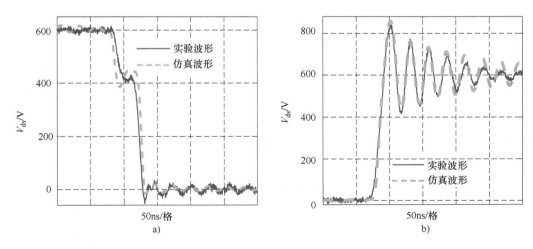

图 2-10　仿真和实验测量得到的 C2M0040120D 漏源电压波形对比
a）开通波形　b）关断波形

根据实验和仿真得到的 C2M0040120D 动态开关波形可以计算出器件的开通损耗 E_{on}、关断损耗 E_{off}、漏源电压和电流的上升时间 t_r 与漏源电压和电流的下降时间 t_f，其结果见表 2-6。从表 2-6 所示计算结果可以看出，仿真和实验得到的 C2M0040120D 漏源电压电流的上升时间和下降时间以及器件的开关损耗之间的误差均非常小。以上结果

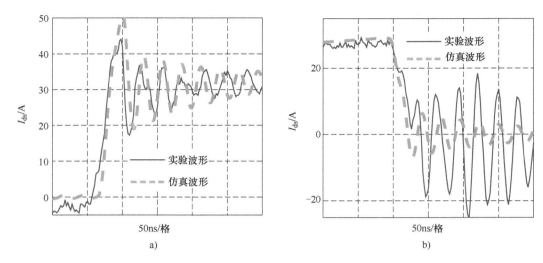

图 2-11　仿真和实验测量得到的 C2M0040120D 漏源电流波形对比
a）开通波形　b）关断波形

证明本小节提出的 SiC MOSFET 建模方法能够准确地对 SiC MOSFET 的动静态电热特性进行准确建模。同时，仿真模型的收敛性非常好，可用于辅助功率变换器的分析和优化设计。

表 2-6　根据仿真和实验结果得到的 C2M0040120D 动态开关结果对比

参数类型	测量结果	仿真结果	相对误差
漏源电压的上升时间 t_r/ns	14.8	13.9	6.1%
漏源电压的下降时间 t_f/ns	38.5	40.8	6.0%
漏源电流的上升时间 t_r/ns	18	16	11.1%
漏源电流的下降时间 t_f/ns	35	29	17.1%
开通损耗 E_{on}/μJ	392	430	9.7%
关断损耗 E_{off}/μJ	255	250	2.0%

2.2　GaN HEMT 电热行为模型

GaN HEMT 作为宽禁带器件，并且以高电子迁移率的二维电子气作为导电沟道，比同等耐压等级和导通电阻的硅基 MOSFET 具有更小的寄生电容，具有开关速度更快，开关损耗更低，且更易于实现软开关等优点，在 650V 电压等级下正逐步替代传统硅基 MOSFET，应用于高开关频率、高效率和高功率密度的功率变换器。

本小节提出一种基于 GaN HEMT 数据手册数据的电热行为模型建模方法。采用和 SiC MOSFET 类似的简洁建模公式对 GaN HEMT 在第一、三象限的静态电热特性以及 GaN HEMT 寄生电容进行建模。然后基于数据手册数据拟合建模公式中所有参数。最后，通过仿真和实验验证了 GaN HEMT 建模方法的正确性。

2.2.1 GaN HEMT 电热模型

本小节采用如图 2-12 所示的子电路对 GaN HEMT 进行建模。图中，G、D 和 S 分别代表栅极、漏极和源极端口，T_j 代表结温。GaN HEMT 在第一、三象限的静态电热特性用受控电流源 I_{ds} 展开建模，寄生电容 C_{gs}、C_{gd} 和 C_{ds} 描述 GaN HEMT 的动态特性。由于 GaN HEMT 大都含有开尔文源极，因此共源电感的影响基本可以忽略；同时由于采用了先进的封装技术，GaN HEMT 中封装引入的寄生电感也非常小，所以图 2-12 所示的子电路模型中没有考虑寄生电感的影响。结温 T_j 和壳温 T_c 端口通过器件内部散热网络和损耗功率构成的电流源连接构成器件内部的热路模型，通过在模型的 T_j 和 T_c 端口连接外部热阻网络可以仿真不同结温、壳温和散热条件下 GaN HEMT 的动态电热特性。

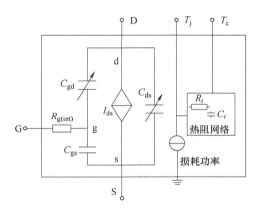

图 2-12　GaN HEMT 模型子电路

1. 静态电热特性建模

本小节采用和 SiC MOSFET 第一象限相同的建模公式对 GaN HEMT 在第一象限的电热输出特性进行建模，即

$$I_{ds}=g_m\left(\left[\ln\left(1+e^{\frac{V_{gs}-V_{th}}{\max(\theta,1)}}\right)\right]^{a_9}-\left[\ln\left(1+e^{\frac{V_{gs}-V_{th}-\beta}{\max(\theta,1)}}\right)\right]^{a_9}\right)h(V_{ds}) \tag{2-14}$$

式中，g_m 是结温 T_j 的函数，其定义见式（2-15）；V_{th} 是 GaN HEMT 栅极和源极之间的门槛电压，由于 GaN HEMT 的门槛电压基本不随温度变化，所以门槛电压直接来自器件的数据手册；θ 是门极电压 V_{gs} 的函数，其表达式见式（2-16）；β 和 $h(V_{ds})$ 均是漏源电压 V_{ds} 的函数，其定义分别见式（2-17）和式（2-18）。

$$g_m=a_0T^2+a_1T+a_2 \tag{2-15}$$

$$\theta=a_3V_{gs}^2+a_4V_{gs}+a_5 \tag{2-16}$$

$$\beta=a_6V_{ds} \tag{2-17}$$

$$h(V_{ds})=\frac{1+a_7V_{ds}}{1+a_8V_{ds}} \tag{2-18}$$

式（2-14）~式（2-18）中，a_0~a_9 均是模型参数。尽管从结构上说，GaN HEMT 不像垂直结构 MOSFET 那样存在一个寄生体二极管，但是当 GaN HEMT 的栅漏电压高于栅漏门槛电压时，GaN HEMT 仍然可以反向导通电流。所以 GaN HEMT 能够工作在第三象限，GaN HEMT 在第三象限的工作特性用式（2-19）进行建模：

$$I_{sd} = b_0 \left(\left[\ln \left(1 + e^{\frac{V_{gd}-b_6}{\max(\theta',1)}} \right) \right]^{b_4} - \left[\ln \left(1 + e^{\frac{V_{gd}-b_6-b_7 V_{sd}}{\max(\theta',1)}} \right) \right]^{b_4} \right) (1 + b_5 V_{sd}) \qquad (2\text{-}19)$$

式中，$b_0 \sim b_7$ 是模型参数；θ' 是栅漏电压 V_{gd} 的函数，其表达式为

$$\theta' = b_1 V_{gd}^2 + b_2 V_{gd} + b_3 \qquad (2\text{-}20)$$

2. 寄生电容建模

从 GaN HEMT 数据手册给出的寄生电容随漏源电压的变化曲线可以看出，GaN HEMT 的寄生电容均为非线性电容，采用式（2-21）对 GaN HEMT 的 3 个寄生电容进行建模。

$$C_i = k_{0\_i} \left(1 + V_{ds} \left(1 + k_{1\_i} \left(1 + \tanh \left(k_{2\_i} V_{ds} - k_{3\_i} \right) \right) \right) \right)^{-k_{4\_i}} \qquad (2\text{-}21)$$

式中，C_i（i = gs、gd 或 ds）代表 3 个寄生电容；$k_{0\_i} \sim k_{4\_i}$（i = gs、gd 或 ds）代表 3 个寄生电容相应的模型参数。

2.2.2 GaN HEMT 模型参数提取

本小节基于 GaN Systems 公司的 GS61008P 数据手册来完成器件模型参数的提取。从 GS61008P 数据手册得到器件栅极和源极之间的门槛电压 V_{th} 等于 1.6V，在此基础上，将 GS61008P 数据手册中给出的转移特性曲线和输出特性曲线所有数据代入式（2-14）进行参数拟合，即可得到描述第一象限静态输出电热特性模型的参数，其拟合结果见表 2-7。

表 2-7 GS61008P 静态输出电热特性模型的参数拟合结果

拟合参数	拟合结果	拟合参数	拟合结果
a_0	4.643e−4	a_9	6.685
a_1	−0.168	b_0	3.244
a_2	21.283	b_1	−9.851e−4
a_3	−1.8e−2	b_2	0.244
a_4	0.921	b_3	0.349
a_5	−0.849	b_4	3.874
a_6	1.073	b_5	−9.794e−3
a_7	1.773	b_6	0.8
a_8	1	b_7	1.074

采用同样的方法，将 GS61008P 数据手册中给出的第三象限工作特性曲线数据代入式（2-19），拟合得到描述 GS61008P 第三象限工作特性的参数，其拟合结果见表 2-7。寄生电容模型参数同样采用 GS61008P 数据手册提供的寄生电容随漏源电压变化数据进行参数拟合提取，其拟合结果见表 2-8。

表 2-8　GS61008P 寄生电容模型的参数拟合结果

拟合参数	拟合结果	拟合参数	拟合结果
k_{0_gs}	536e-12	k_{3_gd}	-4.01
k_{1_gs}	1975	k_{4_gd}	0.688
k_{2_gs}	0.408	k_{0_ds}	638e-12
k_{3_gs}	7.417	k_{1_ds}	-0.482
k_{4_gs}	-9.283e-3	k_{2_ds}	-0.565
k_{0_gd}	137e-12	k_{3_ds}	-10.3
k_{1_gd}	-0.405	k_{4_ds}	0.221
k_{2_gd}	-0.252		

实际测量发现 GaN HEMT 半桥电路在开关过程中振荡的衰减速度远大于仿真结果，参考文献［132-143］中也发现这一现象，但是并未给出确切的解释。这里采用 Keysight 公司的矢量网络分析仪 E5061B 对 GS61008P 的漏源端口阻抗进行测量，测量结果如图 2-13 所示。

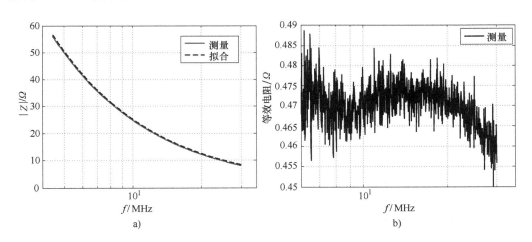

图 2-13　GS61008P 漏源端口阻抗测量及拟合结果

a）测量和拟合结果对比　b）RC 等效电路拟合得到的等效电阻随频率的变化

从图 2-13a 中可以看出，采用 RC 等效电路可以准确地拟合漏源端口阻抗测量结果，而从图 2-13b 中可以看出，GS61008P 的输出电容上有一个 0.46Ω 的等效串联电路，对器件开关过程的振荡具有较强的阻尼作用。

2.2.3　GaN HEMT 电热模型仿真验证

根据 2.2.1 小节提出的建模公式和 2.2.2 小节提取的模型参数，GS61008P 的器件模型可以采用 Spice 语言实现。图 2-14 和图 2-15 分别是根据 GS61008P 的 Spice 模型得到的 GS61008P 在不同结温下第一象限的静态输出特性曲线和第三象限转移特性曲线与数据手册曲线的对比。图 2-16 所示是仿真得到的 GS61008P 在第三象限工作特性曲线与数据手册曲线的对比。

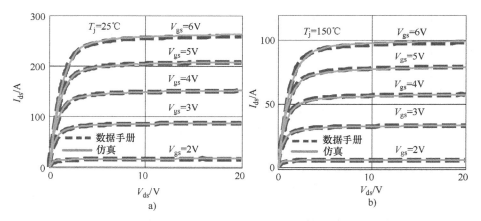

图 2-14　GS61008P 在不同结温下第一象限的静态输出特性曲线仿真与数据手册结果对比

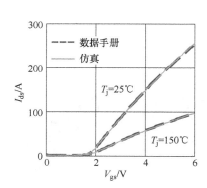

图 2-15　GS61008P 在不同结温下
第三象限的转移特性曲线的仿真
与数据手册结果对比

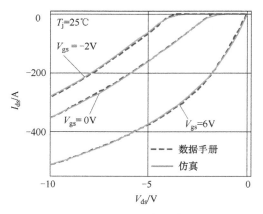

图 2-16　GS61008P 在第三象限工作
特性曲线的仿真与数据
手册结果对比

从图 2-14 和图 2-15 中可以看出，所提出的 GaN HEMT 建模方法能够对 GS61008P 的静态输出特性进行准确建模。

此外，本节提出的 GaN HEMT 建模方法不仅适用于 GaN Systems 公司的器件，同时也适用于 EPC 公司的 GaN 器件。图 2-17 所示是根据所提出的建模方法对 EPC 公司的 EPC2100 GaN 半桥器件的静态工作特性进行建模的结果。从图 2-17 中可以看出，根据模型仿真得到的 EPC2100 的静态输出特性波形和数据手册数据高度吻合，证明所提建模方法具有比较好的通用性。

2.2.4　GaN HEMT 电热模型实验验证

本小节采用所建立的 GS61008P 模型搭建双脉冲仿真电路，通过仿真得到的 GS61008P 动态开关波形和实验结果的对比，进一步验证建模方法的正确性，同时验证所建模型的收敛性。双脉冲实验电路原理图如图 2-18 所示。

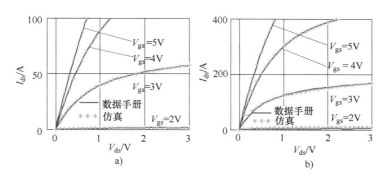

图 2-17 EPC2100 25°C 结温下的静态工作特性曲线仿真和数据手册结果对比

a) 上管 b) 下管

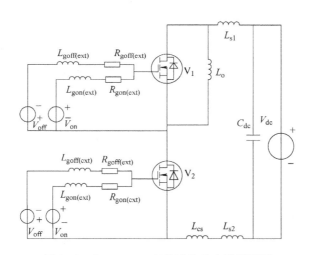

图 2-18 GaN HEMT 双脉冲实验电路原理图

图中，上管 V_1 和下管 V_2 均为 GS61008P，实验中上管 V_1 一直处于关断状态，双脉冲驱动信号作用在下管 V_2 门极。负载电感 L_o 中的电流在第一个脉冲结束时上升到期望的电流 I_o。在第一个脉冲关断后，电流 I_o 通过上管 V_1 续流并基本保持不变，下管 V_2 在第二个脉冲到来时，在直流母线电压 V_o 和负载电流 I_o 下硬开通。V_{on} 和 V_{off} 分别为门极开通和关断电压。$L_{gon(ext)}$ 和 $L_{goff(ext)}$ 分别为门极开通和关断外部回路杂散电感，而 L_{s1} 和 L_{s2} 为主功率回路杂散电感，杂散电感的感值通过 Ansys Q3D 提取。$R_{gon(ext)}$ 和 $R_{goff(ext)}$ 分别为门极开通和关断外部电阻。C_{dc} 为直流母线电容。L_{cs} 为用于电流测量的同轴分流器引入的寄生电感。图 2-18 所示电路的电路参数值见表 2-9。

GaN HEMT 的开关速度比较快，测量仪器的带宽必须足够高以捕获正确的动态开关波形，这里采用的测量仪器信息见上一节的表 2-5。根据所建立的 GS61008P 模型搭建的双脉冲仿真电路，仿真得到 GS61008P 的动态开关波形和实验测量波形之间的对比如图 2-19~图 2-21 所示。

表 2-9　双脉冲实验电路参数值

电路参数	参数值	电路参数	参数值
L_{s1}/nH	4	$R_{gon(ext)}/\Omega$	10
L_{s2}/nH	5	$R_{goff(ext)}/\Omega$	5
L_{cs}/nH	4.8	$L_{gon(ext)}/nH$	10
V_{on}/V	6	$L_{goff(ext)}/nH$	9
V_{off}/V	-2.5	V_{dc}/V	48

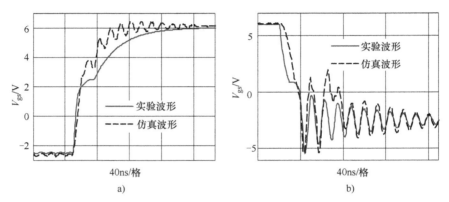

图 2-19　实验和仿真得到 GS61008P 门极电压波形对比

a）开通波形　b）关断波形

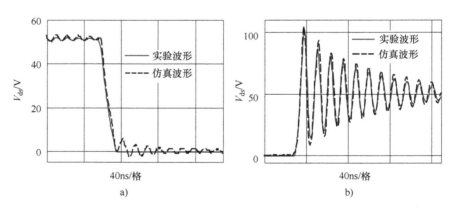

图 2-20　实验和仿真得到 GS61008P 漏源电压波形对比

a）开通波形　b）关断波形

从图 2-19～图 2-21 中可以看出，仿真和实验测量得到的 GS61008P 动态开关波形中，无论是漏源电压和漏源电流的开关边沿与峰值，还是开关过程中振荡的频率和衰减幅度均高度吻合，证明了本节所提出的 GaN HEMT 建模方法的正确性。此外，本节提出的 GaN HEMT 模型用于双脉冲仿真时的收敛性比较好，可用于辅助电力电子变换器的分析和优化设计。

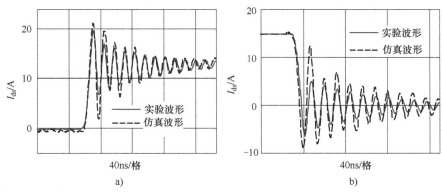

图 2-21　实验和仿真得到 GS61008P 漏源电流波形对比

a) 开通波形　b) 关断波形

2.3　模型参数提取优化算法

从前文分析可以看出，所建立的宽禁带功率半导体器件的电热行为模型中包含了大量的模型参数。如果采用传统的分段拟合的方法来实现模型参数的提取，不仅增加了建模的时间和工作量，同时无法保证模型参数的全局最优，也无法实现建模公式的快速筛选与迭代设计。为了解决这一问题，本节首先提出一种遗传算法（Genetic Algorithm，GA）和列文伯格-麦夸尔特（Levenberg-Marquardt，L-M）算法结合的复合优化算法，借此实现基于建模数据和优化算法的模型参数快速提取。

L-M 算法是非线性最小二乘法的典型代表，广泛用于非线性模型的参数拟合。在合适的初值条件下，L-M 算法能够在若干步迭代后快速收敛到局部最优值，是一种非常高效的局部优化算法。然而，当选取的初值不合理时，L-M 算法不仅收敛速度变慢，而且无法收敛到全局最优解，甚至可能出现无法收敛的现象。如果拟合公式的待拟合参数过多，通过试凑法来设定拟合参数的初始值的工作量将非常大，显然不是一种可取的办法。因此单独使用 L-M 算法难以实现模型参数的快速提取，也不利于实现经验公式的快速迭代设计。

GA 算法是一种全局优化算法，而且可以通过设置 GA 算法参数取值的上限（Upper Bound，UB）和下限（Lower Bound，LB）来加快算法的收敛速度。然而，GA 算法在局部优值附近的收敛速度却比较慢。因此，GA 算法非常适合用于复杂模型参数的初步选取。基于以上分析，本文提出一种结合 GA 算法和 L-M 算法各自优点的复合优化算法。首先采用 GA 算法实现模型参数的初步确定，然后将 GA 算法确定的初始拟合参数传递到 L-M 算法中，实现模型参数的快速提取。所提优化算法的执行流程图如图 2-22 所示。

图 2-22 中采用 GaN HEMT 静态电热输出电流 I_{ds} 的建模公式［式（2-14）］作为实例展示复合优化算法的实现过程。在 GA 算法中，$a_0 \sim a_9$ 是待拟合的建模参数，这些参数的取值范围在各自的取值范围 $[LB_i, UB_i]$（$i = 0 \sim 9$）内。GA 算法的适应度函数 F_k 是在不同结温、门极电压和漏源电压下，漏源电流的测量值和估计值之差的二次方和。

经过 GA 算法计算后，当适应度函数 F_k 小于预先设定的最小适应度 ε_{GA}，或者 GA 算法的步数达到预先设定的最大迭代次数 N_{GA} 后，GA 算法计算结束，输出 GA 算法拟合得到的初步计算参数 $a_{0(GA)} \sim a_{9(GA)}$ 到 L-M 算法，作为 L-M 算法的参数初值。

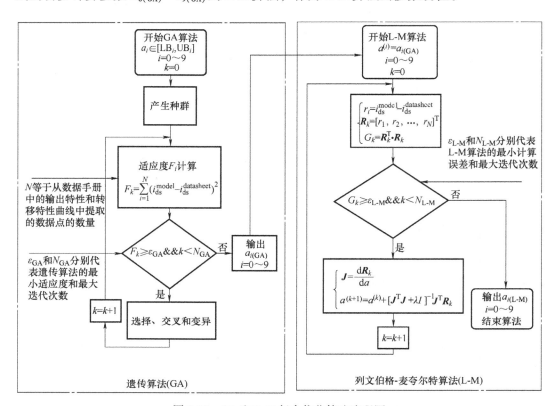

图 2-22　GA 和 L-M 复合优化算法流程图

L-M 算法是一种带修正项的高斯-牛顿算法，其具体实现过程如图 2-22 所示。和 GA 算法一样，采用测量值和拟合值之差的二次方和 G_k 与预设的最小计算误差 ε_{L-M} 作为判断 L-M 算法收敛的判据。当 L-M 算法计算误差小于预设误差，或 L-M 算法的运行步数达到预设的最大迭代次数 N_{L-M} 时，L-M 算法结束，输出最终拟合参数。

2.4　本章小结

本章提出了一种准确的宽禁带器件行为模型建模方法，并借助仿真和实验验证了所提行为模型的正确性和有效性，所提行为模型可用于研究宽禁带器件的动静态工作特性。该模型可以用于功率变换器辅助分析与优化设计，同时缩短功率变换器的设计成本和设计周期。

相比于现有宽禁带器件建模方法，本章提出的建模方法具有如下优点：

1）能够用一个简洁的方程对宽禁带器件在第一、三象限的静态电热工作特性进行准确建模。电热模型能够仿真器件在不同结温下的动静态工作特性，当加入器件内部和外部散热模型后，可以进一步仿真不同工况和散热条件下功率器件的损耗、应力和结温等电热特性。

2）由于以 SiC MOSFET 和 GaN HEMT 为代表的宽禁带器件均是单极型器件，所以，器件的动态模型的准确性主要依赖于寄生电容模型的准确性。本章采用一个简洁的方程对宽禁带器件的非线性寄生电容进行建模，保障了动态开关波形的仿真准确性。

3）本章所提出的动静态建模公式不仅适用于 SiC MOSFET，而且经过适当地改动还适用于 GaN HEMT，证明本章所提建模公式对宽禁带器件具有较强的建模能力，高度吻合的仿真和实验动静态波形也证明所提模型的正确性。

4）本章所提出的模型参数基本全部基于器件的数据手册进行提取，节约了大量的器件性能测试成本和测试工作量。而且由于建模公式比较简洁，模型参数提取过程大大简化，缩减了参数提取的步骤和时间。在保证模型准确度的同时，降低了宽禁带器件的建模门槛。

此外，还可以从如下方面对本章所提建模方法进行改进，以进一步提高模型的准确度和仿真能力。

1）功率器件快速开关过程中的 $\mathrm{d}v/\mathrm{d}t$ 和 $\mathrm{d}i/\mathrm{d}t$ 是 EMI 问题的来源，基于准确的器件和电路模型展开功率变换器的仿真，可以得到功率变换器中贴近实际的 EMI 激励源，在此基础上可以进一步完善 EMI 噪声的传播路径模型，进而可以建立比较准确的 EMI 问题分析仿真模型。

2）进一步完善器件内部和外部散热模型，用于辅助功率变换器散热器的优化设计。

3）建立更加准确的门极驱动模型，以提高门极电压的仿真准确度。

4）在模型中加入 SiC MOSFET 体二极管的反向恢复特性模型以进一步提高 SiC MOSFET 仿真模型的准确度。

第3章
开通过电压问题分析与治理方法

本章提出一种定量分析宽禁带器件组成的半桥电路开通过电压问题的方法。在 GaN 器件硬开通过程分解的基础上建立开通过电压问题的解析模型，并在此基础上分析主功率回路电感和开通过程中电流上升速率和电压下降速率对开通过电压的影响。同时通过开通过电压的解析解和考虑输出电容非线性效应后的仿真解的对比，说明输出电容的非线性会恶化开通过电压。接下来在考虑输出电容非线性效应的基础上建立开通过电压的仿真模型，并进一步根据仿真结果参数化分析在一定主功率回路电感下，开通阶段的电流上升率和电压下降率与开通过电压峰值的定量关系，并结合损耗计算模型，提出开通过电压峰值和开通损耗优化折中设计的方法。

根据本章的分析结果，可以在功率变换器设计之初就能判断在一定的开通速度和开通电压过冲峰值限制下主功率回路杂散电感的最大值，从而提高功率变换器设计成功的概率；同时，本章提出的开通过电压与开通器件的电流上升率和电压下降率之间的定量关系可用于指导参考文献［59］提出的门极有源驱动的驱动电阻的动态调节，以实现开通损耗和开通过电压的优化折中。

值得指出的是本章的分析虽然基于 GaN HEMT，然而分析方法同样适用于 SiC MOSFET。同时，本章选择功率半桥作为分析对象，主要基于如下 3 方面的考虑：

1）半桥电路结构简单，控制和测量更加方便，同时方便建立分析模型展开定量研究。

2）半桥电路是绝大多数功率模块的基本组成单元，以半桥电路作为研究对象，分析结果具有普遍意义。

3）半桥电路不仅能够表现不同负载条件下器件自身的开关特性，而且可以体现功率器件自身和功率器件之间的换流状态，能够广泛用于研究器件开关特性和换流特性的双脉冲实验。

如上所述，半桥电路结构简单，应用广泛，基于半桥电路的分析结果还具有代表性与通用性，所以本章以半桥电路为研究对象，研究半桥电路的开通过电压问题；第 5 章将仍然以半桥电路为研究对象，分析半桥电路中的串扰问题。

3.1　半桥电路开通过电压问题分析模型

图 3-1 所示是典型的 GaN 半桥双脉冲测试电路，其中 V_1 和 V_2 是 GaN HEMT，L_{ds} 是主功率回路总的杂散电感，R_s 是主功率回路杂散电阻。不失一般性，本节研究下管 V_2 硬开通时造成对上管 V_1 的漏源电压过冲。

本节首先对 GaNHEMT 硬开通过程进行分解，并对比 GaN HEMT 和硅基 MOSFET 开通过程的区别，在此基础上指出本节采用电压直线下降的模型对漏源电压进行建模的合理性。接着为了提高解析模型的准确度，提出一种基于漏源电压开关振荡波形的测量结果计算主功率杂散电感和阻尼电阻的方法。通过主功率回路杂散电感的计算结果和 Ansys Q3D 提取结果的对比，验证计算方法的正确性。最后建立分析开通过电压问题的解析模型，同时在考虑漏源电容非线性特性的基础上，建立分析开通过电压问题的仿真模型。

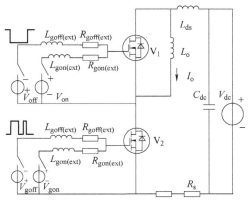

图 3-1　GaN 半桥双脉冲测试电路

3.1.1　硬开通过程分析

为了简化分析，对开通过程中的器件和电路做出如下假设：

1）处于关断状态、正向导通状态和饱和状态的 GaN HEMT 分别用漏源电容 C_{ds}、导通电阻 R_{on} 和受门极电压 V_{gs} 控制的受控电流源 I_{ds} 进行等效。

2）反向续流的 GaN HEMT 用电动势等于反向导通电压 V_r 的电压源进行等效。

3）硬开通阶段的负载电流 I_o 等效为恒流源。

根据开通阶段电流通路的不同，GaN HEMT 半桥电路的开通过程大致可以分成图 3-2 所示的 $P_1 \sim P_4$ 4 个阶段，不同开通阶段的等效电路图如图 3-3 所示。

开通阶段 P_1 称为开通延时阶段，该阶段从门极电压开始上升的 t_0 时刻开始到门极电压上升到等于门槛电压 V_{th} 时的 t_1 时刻结束。该阶段负载电流 I_o 通过上管 V_1 反向续流，上管电压 V_{ds} 等于反向续流电压 V_r；下管 V_2 门极电压低于门极开启电压，下管沟道电流等于 0，下管漏源电压 V_{ds2} 等于直流母线电压 V_{dc} 和反向续流压降之和，该阶段的半桥电路等效电路如图 3-3a 所示。图中，R_{gon} 是门极外部驱动电阻和门极内部寄生电阻之和。

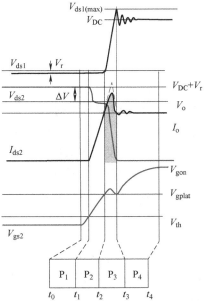

图 3-2　GaN HEMT 半桥电路在不同硬开通阶段的波形

L_{gon}是门极外部驱动电感和门极内部寄生电感之和。

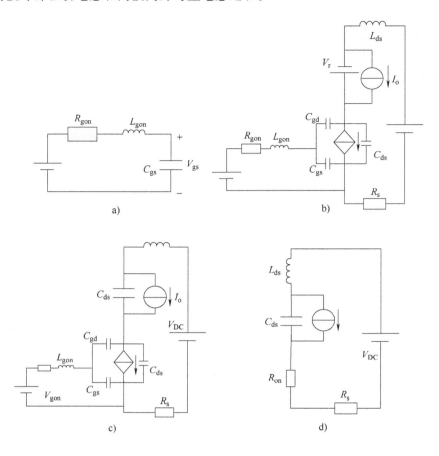

图 3-3 半桥电路在不同开通阶段的等效电路图

a）开通阶段 P_1 b）开通阶段 P_2 c）开通阶段 P_3 d）开通阶段 P_4

开通阶段 P_2 从 t_1 时刻开始到下管电流 I_{ds2} 上升到等于负载电流 I_o 时的 t_2 时刻结束，该阶段可以称为电流上升阶段。在 t_2 时刻，下管门极电压 V_{gs2} 上升到等于米勒平台电压 V_{gplat}。在该阶段，流过下管的电流仍小于负载电流 I_o，上管 V_1 仍处于反向续流状态，半桥电路在该阶段的等效电路如图 3-3b 所示。由于流过下管的电流和流过主功率回路的电流相同，所以在主功率回路杂散电感 L_{ds} 上产生如图 3-2 所示的压降 ΔV，ΔV 与电感 L_{ds} 和电流上升率 di_{ds2}/dt 之间的关系为

$$\Delta V = L_{ds} \frac{di_{ds2}}{dt} \tag{3-1}$$

开通阶段 P_3 从 t_2 时刻开始直到下管彻底导通的 t_3 时刻结束，下管漏源电压在该阶段快速下降，在 t_3 时刻下降到接近 0，所以该开通阶段称为电压下降阶段。从 t_2 时刻以后，随着流过下管的电流大于负载电流 I_o，上管 V_1 不再反向续流，因此不再具有电压钳位作用，此时上管可以用漏源电容 C_{ds} 等效，半桥电路在此阶段的等效电路如图 3-3c 所示。由于 GaN HEMT 跨导比较大，当门极电压上升到高于米勒平台电压 V_{gplat}

后，流过下管 V_2 的沟道电流显著增大，下管漏源电容通过沟道快速放电，导致下管漏源电压快速下降。GaN HEMT 和硅基 MOSFET 在输出特性曲线上的典型开通轨迹线如图 3-4 所示，从图中可以看出，由于 GaN HEMT 的米勒电容较小，所以 GaN HEMT 在开通时没有出现类似硅基 MOSFET 那样明显的米勒平台。同时，GaN HEMT 在电压下降阶段的电流过冲比较大，漏源电压下降速度也较快，所以后文可以近似用电压直线下降的模型对处于该开通阶段的下管漏源电压进行建模。

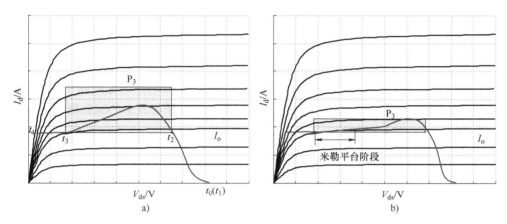

图 3-4 GaN HEMT 和硅基 MOSFET 在输出特性曲线上的典型开通轨迹线
a）GaN HEMT b）硅基 MOSFET

从图 3-2 中可以看出，当流过下管的电流 I_{ds2} 大于负载电流 I_o 时，有电流流入上管输出电容给上管输出电容充电，导致上管电压不断上升。所以当流过下管的电流逐渐减小到等于负载电流 I_o 时，上管漏源电压出现峰值。

开通阶段 P_4 从 t_3 时刻开始到门极电压上升到等于门极驱动电压 V_{gon} 时刻结束。这一阶段可以称为开通谐振阶段。从图 3-2 中可以看出，当下管完全开通后可以用开通电阻 R_{on} 等效，上管漏源电容 C_{ds} 和功率回路杂散电感 L_{ds} 会发生阻尼振荡，半桥电路在该阶段的等效电路如图 3-3d 所示。在漏源电压峰值处，流过杂散电感 L_{ds} 的电流等于 I_o，以漏源电压谐振峰值作为漏源电容的初值 V_i，在忽略阻尼电阻上压降的条件下，可以计算出漏源电容 C_{ds} 电压在直流母线电压 V_{dc} 作用下的全响应，其表达式为

$$V_c(t) = (V_{dc} - V_i)\left(1 - e^{-\alpha t}\cos\omega t - \frac{\alpha}{\omega}e^{-\alpha t}\sin\omega t\right) + V_i \tag{3-2}$$

式中，α 和 ω 分别是振荡的指数衰减因子和谐振角频率，计算公式分别为

$$\alpha = \frac{R}{2L_{ds}} \tag{3-3}$$

$$\omega = \sqrt{\frac{1}{L_{ds}C_{ds}} - \alpha^2} \tag{3-4}$$

式（3-3）中，R 是主功率回路总的阻尼电阻。式（3-2）对时间的微分为

$$\frac{dV_c}{dt} = \frac{(V_{dc} - V_i)\omega_o^2}{\omega}e^{-\alpha t}\sin\omega t \tag{3-5}$$

式中，ω_o 是 L_{ds} 和 C_{ds} 决定的自然振荡角频率。从式（3-5）可以看出，在电容电压的谐振峰值处 $\sin\omega t$ 等于 0，而此时 $|\cos\omega t|$ 等于 1，代入式（3-2）可以得到指数衰减因子 α 与漏源电容 C_{ds} 电压的两个相邻谐振峰值 V_{c1}、V_{c2} 和谐振周期 T 之间的关系为

$$\alpha = \frac{1}{T}\ln\left(\frac{V_{c1}-V_{dc}}{V_{c2}-V_{dc}}\right) \ (V_{c1}>V_{c2}) \tag{3-6}$$

在求取了指数衰减因子 α 后，可以进一步根据电容电压谐振周期 T 和式（3-2）以及漏源电容 C_{ds} 求取主功率回路寄生电感 L_{ds} 为

$$L_{ds} = \frac{1}{\left[\left(\dfrac{2\pi}{T}\right)^2 + \alpha^2\right]C_{ds}} \tag{3-7}$$

在求取了主功率回路寄生电感后，代入式（3-3）可以求取谐振回路中的振荡阻尼电阻 R。图 3-5 所示是 GS61008P 开通过程上管漏源电压振荡波形的实验测量结果。

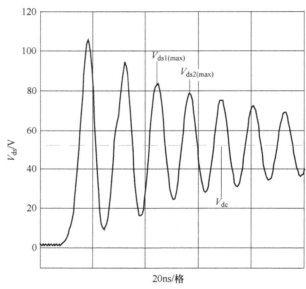

图 3-5　GS61008P 开通过程上管漏源电压振荡波形的实验测量结果

从图中可以得到漏源电压振荡波形中的两个相邻峰值 $V_{ds1(max)}$ 和 $V_{ds1(max)}$，同时可以得到谐振周期 T，从数据手册中可以得到该直流偏压下漏源电容值 C_{ds}，代入到式（3-3）、式（3-6）和式（3-7）可以计算出主功率回路杂散电感以及振荡阻尼电阻，计算结果见表 3-1。

表 3-1　主功率回路杂散参数计算结果

	计算值	仿真/测量值	相对误差
主功率回路杂散电感/nH	14.3	13.8	3.6%
主功率回路振荡阻尼电阻/Ω	0.5	0.46	8.7%

采用 Ansys Q3D 提取主功率回路杂散电感的值为 13.8nH，这和根据谐振电压测量波形计算得到的结果之间的相对偏差小于 5%。由于 GS61008P 的导通电阻和线路杂散

电阻均比较小，所以主功率回路振荡阻尼电阻近似等于第 2 章中拟合漏源端口阻抗得到的 0.46Ω 等效串联电阻，这一结果和根据谐振电压测量波形计算得到的结果之间的相对误差小于 10%。以上结果证明了所提出的主功率回路杂散电感和振荡阻尼电阻计算方法的正确性。

3.1.2 开通过电压解析模型

根据上一小节的分析可以知道，开通过电压与硬开通器件的电流上升阶段和电压下降阶段有关。在电流上升阶段结束时刻下管漏源电压为

$$V_{o} = V_{DC} - \Delta V \tag{3-8}$$

为了简化分析过程，电压下降阶段的漏源电压采用式（3-9）所示的简化模型进行建模。

$$V_{ds2}(t) = \begin{cases} \dfrac{T_m - t}{T_m} V_o & (0 < t \leqslant T_m) \\ 0 & (t > T_m) \end{cases} \tag{3-9}$$

式中，T_m 是漏源电压从 V_o 直线下降到 0 所用的时间。半桥电路在开通过程的电压下降阶段和谐振阶段的等效电路模型如图 3-6 所示。

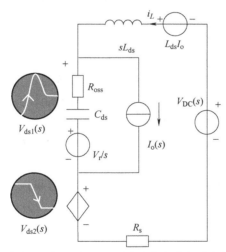

图 3-6 半桥电路在开通过程的电压下降阶段和谐振阶段的等效电路模型

图中，R_{oss} 是漏源电容的等效串联电阻。根据式（3-9）和图 3-6，可以计算出上管漏源电压 V_{ds1} 的解析解为

$$V_{ds1}(t) = \frac{R_{oss}(V_{DC} - V_o - I_o R_s)}{\omega_o L_{ds}} e^{-\alpha t} \sin\omega_o t + (V_{DC} - V_o - I_o R_s) h(t) +$$

$$V_o \frac{R_{oss} C_{ds}}{T_m} [h(t) - u(t - T_m) h(t - T_m)] +$$

$$\frac{V_o}{T_m} [p(t) - u(t - T_m) p(t - T_m)] + g(t) \tag{3-10}$$

式中，$u(t)$ 是单位阶跃函数，函数 $h(t)$、$p(t)$ 和 $g(t)$ 的表达式分别为

$$h(t) = \left(u(t) - e^{-\alpha t}\cos\omega_o t - \frac{\alpha}{\omega_o}e^{-\alpha t}\sin\omega_o t \right) \tag{3-11}$$

$$p(t) = \left(\frac{\omega_o}{\omega_n}\right)^2 t + \frac{\alpha^2 - \omega_o^2}{\omega_o}L_{ds}C_{ds}\sin\omega_o t e^{-\alpha t} +$$

$$R_{oss}C_{ds}\cos\omega_o t e^{-\alpha t} - R_{oss}C_{ds} + \frac{R_{oss}^2 C_{ds}}{4L_{ds}}t \tag{3-12}$$

$$g(t) = V_r e^{-\alpha t}\cos\omega_o t - \frac{\alpha}{\omega_o}V_r e^{-\alpha t}\sin\omega_o t \tag{3-13}$$

式中，α 和 ω_o 分别是指数衰减因子和振荡角频率，其表达式分别为

$$\begin{cases} \alpha = \dfrac{R_{oss}}{2L_{ds}} \\ \omega_o = \sqrt{1/(L_{ds}C_{ds}) - \alpha^2} \end{cases} \tag{3-14}$$

从式（3-10）可以看出，在忽略功率回路杂散电阻 R_s 的条件下，上管开通过电压和负载电流 I_o 的大小无关，这和参考文献［138］的分析结果一致。同时，由于功率回路中的阻尼电阻主要来自器件输出电容等效串联电阻，而且该电阻阻值远大于主功率回路杂散电阻 R_s，所以后文分析中忽略杂散电阻 R_s 的影响。

3.1.3 开通过电压仿真模型

在上一小节解析模型的推导中，假设漏源电容 C_{ds} 是恒定值。然而，实际上漏源电容却是随漏源电压变化的非线性电容。为了对比分析漏源电容的非线性对开通过电压的影响，仍然基于式（3-9）所示漏源电压模型和图 3-6 所示的等效电路图，只是用式（3-15）所示的非线性电容代替恒值电容，则建模公式为

$$C_{ds}(V_{ds}) = C_o(1 + V_{ds}(1 + k_a(1 + \tanh(k_b V_{ds} - k_c))))^{-k_d} \tag{3-15}$$

式中，C_o 以及 $k_i(i = a \sim d)$ 是模型参数。如第 2 章所述，式（3-15）能够非常准确地对非线性电容进行建模。由式（3-15）所示的非线性电容可以采用如图 3-7 所示的行为模型在仿真软件中进行实现。

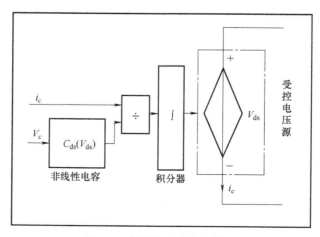

图 3-7　非线性电容行为模型

在图3-7所示的行为模型中，非线性电容的初始电压等于积分器的初值。当考虑非线性电容时，便无法求取硬开通时上管电压的解析表达式，上管开通过电压通过仿真进行计算。

3.2 开通过电压问题参数化分析及其抑制

根据上一节给出的上管漏源电压解析式和建立的仿真模型，可以借助参数化方法分析不同参数对开通过电压的影响。为了保证分析的简洁性和一般性，本节先采用归一化参数展开分析。其中，上管漏源电压 V_{ds} 相对于直流母线电压 V_{DC} 归一化，并定义电感压降系数 k_{iL} 和电压下降时间系数 k_{vt} 分别为

$$k_{iL} = \frac{L_{ds}}{V_{DC}}\frac{di}{dt} \qquad (3-16)$$

$$k_{vt} = \frac{T_m}{R_{oss}C_{ds}} \qquad (3-17)$$

将以上系数代入上管漏源电压解析表达式 [式（3-10）] 和含非线性电容的仿真模型，并根据表3-1所示的实验参数，得到归一化上管漏源电压峰值 $V_{ds1(max)}^{Nom}$ 随系数 k_{iL} 和 k_{vt} 变化的曲线，如图3-8所示。

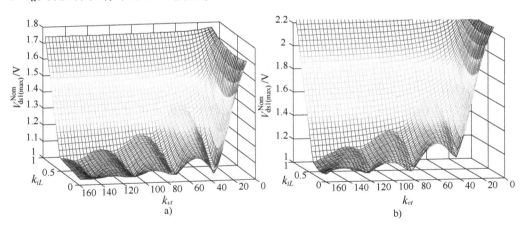

图3-8 在固定值 C_{ds} 和非线性 C_{ds} 下归一化开通过电压峰值随系数 k_{iL} 和 k_{vt} 的变化

a）固定值 C_{ds} b）非线性 C_{ds}

从图3-8中可以看出，虽然归一化上管漏源电压峰值随系数 k_{iL} 和 k_{vt} 变化的趋势基本相同，但是采用非线性电容计算得到的上管漏源电压峰值更大。为了更加清楚地对比采用恒值电容和非线性电容对开通过电压计算结果的影响，根据图3-8得到归一化开通过电压峰值随系数 k_{iL} 和 k_{vt} 变化的等值线，如图3-9所示。

表3-2所示的GS61008P的漏源电容值是漏源电压等于直流母线电压时对应的电容值。为了避免下管硬开通过程中上管串扰导通，上管门极采用−3V进行关断，所以上管反向续流电压 V_r 较大。根据式（3-17）可以知道，图3-8中与系数 k_{vt} 对应的下管漏源电压下降时间 T_m 的变化范围为 1~20ns。从图3-8和图3-9中可以看出：

1）开通过电压峰值并不随归一化系数 k_{iL} 和 k_{vt} 单调变化，所以如果不借助解析或

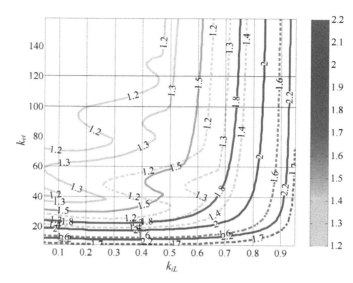

图 3-9 在固定值 C_{ds}（虚线）和非线性 C_{ds}（实线）下归一化开
通过电压峰值随系数 k_{iL} 和 k_{vt} 变化的等值线

仿真模型，无法确定如何调节开关速度以实现开通过电压峰值最小化。

2）从图中可以看出在某些 k_{iL} 和 k_{vt} 系数下开通过电压较小，所以这里所提出的定量分析方法有助于指导参考文献［59］中门极驱动电阻的动态调节方向，从而实现开通过电压的抑制。

3）通过非线性漏源电容仿真得到的开通过电压比解析模型的计算结果大，说明漏源电容的非线性会加重开通过电压，所以后文的分析将根据非线性电容仿真模型的仿真结果展开。

表 3-2 参数化分析电路参数

参数名	单位	参数值
V_{DC}	V	48
L_{ds}	nH	2
I_o	A	13
R_{oss}	Ω	0.46
V_r	V	−5
C_{ds}	pF	280

根据式（3-16）和式（3-17），可以进一步分析开通阶段的电压下降率 dv/dt 和电流上升率 di/dt 对开通过电压的影响。同样为了分析的简洁性，定义电压下降率系数 $k_{dv/dt}$ 和电流上升率系数 $k_{di/dt}$ 分别为

$$k_{dv/dt} = \frac{dv}{dt} \Big/ \frac{V_{DC}}{R_{oss}C_{ds}} = \frac{V_o}{T_m} \Big/ \frac{V_{DC}}{R_{oss}C_{ds}} = \frac{1-k_{iL}}{k_{vt}} \quad (3\text{-}18)$$

$$k_{di/dt} = \frac{di}{dt} \Big/ \frac{V_{DC}}{L_{ds}} = k_{iL} \quad (3\text{-}19)$$

将以上两式代入基于非线性电容的仿真模型，得到归一化开通过电压峰值随系数 $k_{dv/dt}$ 和 $k_{di/dt}$ 的变化关系曲线，如图 3-10 所示。

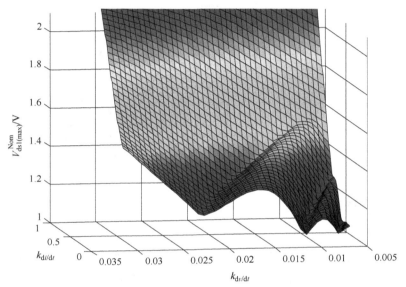

图 3-10　归一化开通过电压峰值随系数 $k_{dv/dt}$ 和 $k_{di/dt}$ 的变化曲线

根据图 3-10，可以得到在不同开通过电压峰值限制条件下，由系数 $k_{dv/dt}$ 和 $k_{di/dt}$ 决定的安全工作区（Safe Operation Area，SOA），如图 3-11 所示。

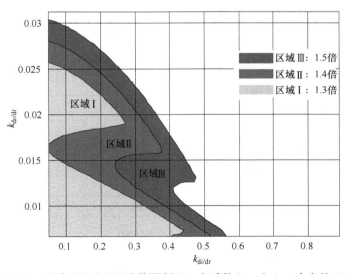

图 3-11　不同开通过电压峰值限制下，由系数 $k_{dv/dt}$ 和 $k_{di/dt}$ 决定的 SOA

根据归一化系数 $k_{dv/dt}$ 和 $k_{di/dt}$ 的计算公式，将表 3-2 中的直流母线电压 V_{DC} 和主功率回路电感 L_{ds} 代入仿真模型，可以得到不同开通过电压峰值限制下由电压下降率 dv/dt 和电流上升率 di/dt 决定的 SOA，如图 3-12 所示。

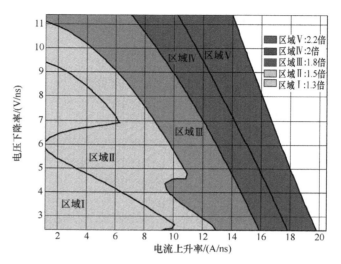

图 3-12　不同开通过电压峰值限制下，电压下降率 dv/dt 和
电流上升率 di/dt 决定的 SOA

从图 3-12 中可以看出，随着开通过电压峰值限制的减小，由电压下降率 dv/dt 和电流上升率 di/dt 决定的 SOA 不断缩小。进一步可以得到不同主功率回路杂散电感在 1.5 倍归一化开通过电压峰值限制下，由电压下降率 dv/dt 和电流上升率 di/dt 决定的 SOA 的大小，如图 3-13 所示。

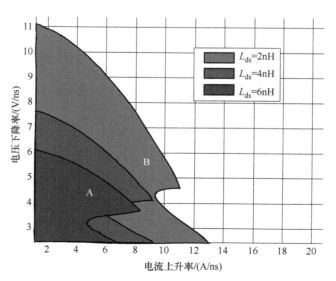

图 3-13　在 1.5 倍归一化开通过电压峰值限制下，由电压下降率 dv/dt 和
电流上升率 di/dt 决定的 SOA 随着主功率回路杂散电感的变化

从图 3-13 中可以看出，随着主功率回路杂散电感的增大，由电压下降率 dv/dt 和电流上升率 di/dt 决定的 SOA 逐渐缩小，这一现象说明减小主功率回路杂散电感可以有效地抑制开通过电压。为了抑制开通过电压，可以参照参考文献 [144] 提出的最小化主功率回路杂散电感的优化布局布线方法。同时，根据图 3-13 可以判断在一定的开关速度和开通过电压峰值限制下，主功率回路杂散电感该如何控制。例如，在设定的最大开通过电压峰值为 1.5 倍的直流母线电压的条件下，如果工作点 A 处的开关速度可以接受，那么主功率回路杂散电感可以高达 6nH；然而，如果工作点 A 处的开关速度过低或造成的损耗过大，而其工作点需要设置在 B 处时，则主功率回路杂散电感必须进一步减小到 2nH 以下才能满足最大开通过电压峰值的要求。

此外，功率变换器的设计往往需要从损耗、应力和 EMI 噪声等多方面进行折中考虑，不能单纯为了减小开通过电压过分地减慢开通速度而不考虑开通损耗的增大。所以至少需要同时考虑开通损耗随电压下降率 dv/dt 和电流上升率 di/dt 的变化，在折中考虑开通过电压峰值和开通损耗的条件下选取合适的开通速度。

GaN 硬开通损耗由电流上升阶段损耗 E_{ir}、电压下降阶段损耗 E_{vf} 和开通振荡损耗 E_{ring} 3 部分构成。其中，相对于前两个损耗，开通振荡损耗 E_{ring} 非常小，所以可以忽略不计。E_{vf} 可以通过对电压下降阶段的电压和该阶段流过下管仿真电流的乘积进行积分求取，即

$$E_{vf} = \int_0^{T_m} V_{ds2}(t) I_{vf}(t) \, dt \qquad (3\text{-}20)$$

下管电流上升到等于负载电流 I_o 处的电流变化率为

$$di/dt_{|i=I_o} = \frac{V_{DC} - V_o}{L_{ds}} \qquad (3\text{-}21)$$

假设在电流上升阶段持续的时间 T_{ir} 为

$$T_{ir} = I_o / (di/dt)_{|i=I_o} \qquad (3\text{-}22)$$

电流上升阶段下管的漏源电压直线下降到电压 V_o，则

$$V_{ds2}^{ir}(t) = V_{DC} - \frac{t}{T_{ir}}(V_{DC} - V_o) \, (0 \leqslant t \leqslant T_{ir}) \qquad (3\text{-}23)$$

根据式 （3-21）~式 （3-23），可以得到损耗 E_{ir} 的计算公式为

$$E_{ir} = \int_0^{T_{ir}} V_{ds2}^{ir}(t) \left(\frac{di}{dt} t \right)_{|i=I_o} dt \qquad (3\text{-}24)$$

根据式 （3-20） 和式 （3-24），可以得到开通损耗和归一化开通过电压峰值随电压下降率 dv/dt 和电流上升率 di/dt 的变化的等值线，如图 3-14 所示。

从图 3-14 中可以看出，通过动态控制电流上升速度和电压下降速度，可以在某一开通过电压峰值限制下，获得最小的开通损耗。以图 3-14 中 1.3 倍直流母线电压的开通过电压峰值等值线为例，在保证开通过电压峰值不变的条件下，通过动态调节开关速度可以将图中开关工作点 A 移动到工作点 B 或工作点 C，以将开通损耗减小到相同的程度。可以看出工作点 B 造成的 dv/dt 大于工作点 C 处的 dv/dt，所以工作点 B 造成的共模 EMI 噪声更大；工作点 C 的 di/dt 大于工作点 B 处的 di/dt，因此工作点 C 带来

宽禁带功率半导体器件建模与应用

的差模 EMI 噪声更大。实际设计中，可以根据 EMI 噪声的类型和强度在工作点 B 和 C 之间进行合理取舍。

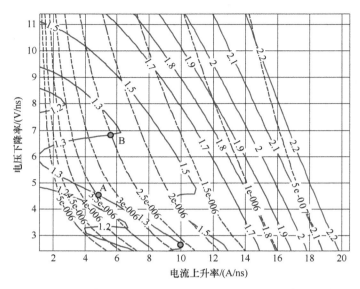

图 3-14　开通损耗（虚线）和归一化开通过电压峰值（实线）
随参数 dv/dt 和 di/dt 变化的等值线

3.3　开通过电压问题分析方法的实验验证

为了验证开通过电压问题分析方法的正确性，本节采用如图 3-15 所示的双脉冲实验平台对分析结果进行验证。

图 3-15 所示的双脉冲实验电路平台对应的电路原理图如图 3-1 所示。为了保证测量结果的正确性，实验中采用同轴分流器 SDN-414-01 对下管硬开通电流进行测量。虽然同轴分流器带宽比较高，但是其外部引线却在主功率回路中引入了较大的电感。根据 3.1 节提出的根据漏源电压开关振荡波形求取主功率回路杂散电感的方法，求得含同轴分流器的实验电路的主功率回路杂散电感 L_{ds} 高达 9.2nH。图 3-1 所示电路原理图中的电气参数值见表 3-3。

表 3-3　实验电路参数

电气参数	单位	参数值
V_{dc}	V	48
L_{ds}	nH	9.2
I_o	A	13
V_{gon}	V	6
V_{goff}	V	−3

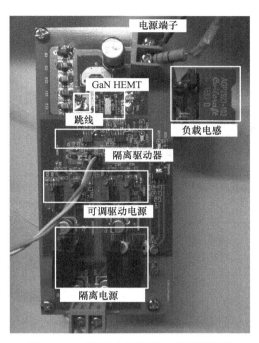

图 3-15 开通过电压问题实验验证平台

在不同开通电阻下，仿真和实验测量得到的下管硬开通时下管的开关波形以及上管漏源电压波形如图 3-16 所示。

在图 3-16 中，通过调节下管门极开通电阻调节门极开通速度。从图中可以看出，仿真和实验得到的下管漏源电流和上管漏源电压谐振波形基本完全重合，验证了 3.1 节提出的主功率回路杂散电感和振荡阻尼电阻计算方法的正确性。同时，根据图 3-16 仿真和实验得到的上管漏源电压的开通过电压峰值对比见表 3-4，仿真和实验得到的下管硬开通损耗对比见表 3-5。

表 3-4 不同开通电阻下，上管漏源电压的开通过电压峰值仿真与实验结果对比

开通电阻 /Ω	实验结果 $V_{ds1(peak)}$/V	仿真结果 $V_{ds1(peak)}$/V	相对误差
1	101	100	1.0%
5	94	90	4.3%
10	83	81	3.6%

表 3-5 不同开通电阻下，下管硬开通损耗的仿真与实验结果对比

开通电阻/Ω	电流上升率/ (A/NS)	电压下降率/ (V/NS)	损耗实验结果/ μJ	损耗仿真结果/ μJ	相对误差
1	3.2	3.4	1.44	1.57	9.3%
5	2.7	3	2.7	2.36	8.1%
10	2.1	3.38	3.55	3.3	7.0%

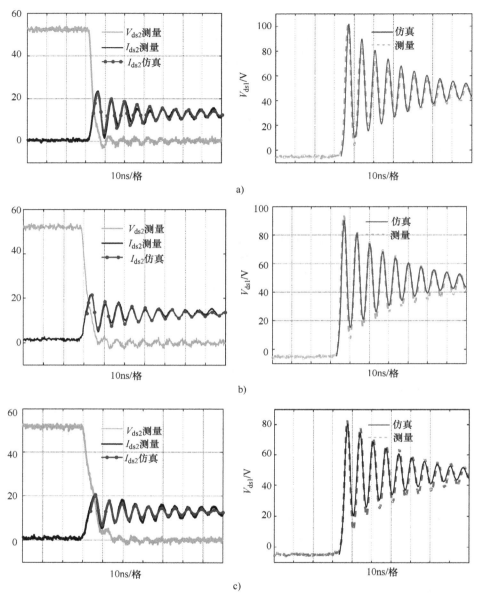

图 3-16　仿真和实验测量得到的下管硬开通时下管的开关波形（左图）
和上管漏源电压波形（右图）

a）$R_{gon(ext)} = 1\Omega$　b）$R_{gon(ext)} = 5\Omega$　c）$R_{gon(ext)} = 10\Omega$

从表 3-4 和表 3-5 中可以看出，不同开通电阻下，仿真得到的开通过电压峰值和硬开通损耗均与实验结果吻合得非常好，证明了本节提出的开通过电压问题分析方法的正确性，同时也验证了上一节提出的开通损耗估算模型的正确性。根据表 3-3 所示的实验电路参数，仿真得到不同电压下降率 dv/dt 和电流上升率 di/dt 下的硬开通损耗和开通过电压峰值等值线，如图 3-17 所示。

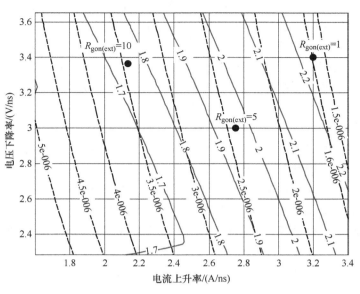

图 3-17　在实验电路参数下，开通过电压峰值和开通损耗随 dv/dt 和 di/dt 变化的等值线

在图 3-17 中用黑色圆点标识出实验中采用的 3 个开通电阻在开通损耗和开通过电压峰值等值线图中的位置。从图 3-17 中可以看出，通过调节开关速度可以有效地控制开通过电压的峰值。但是，在主功率回路电感较大的条件下，通过减慢开关速度的方法抑制开通过电压将造成开通损耗显著增大。此外，从图 3-17 中还可以看出，当主功率回路杂散电感较大时，在保证开通损耗不变的前提下，调节开关速度对开通过电压的抑制效果较差。所以，减小主功率回路杂散电感是抑制开通过电压的最有效方式。值得指出的是，在功率半桥并联吸收电容同样可以等效为一种通过减小主功率回路杂散电感来实现开通过电压抑制的方法。

3.4　本章小结

本章以 GaN HEMT 为代表，提出了一种定量分析和抑制宽禁带器件构成的功率半桥电路的开通过电压问题。首先在开通过程分解的基础上，对比了宽禁带器件和硅基器件开通过程的区别，在此基础上定性分析了开通过电压问题的来源，并建立开通过电压问题的电路模型。然后基于电路模型推导了开通过电压的解析解，并在漏源电容非线性模型的基础上对开通过电压展开仿真计算。在解析结果和仿真结果对比的基础上，指出漏源电容的非线性特性会导致开通过电压更加严重。接着，采用归一化方法参数化分析了开通过电压随归一化参数的变化，指出通过调节开通速度定量调节开通过电压的方法；同时定量指出不同最大开通过电压峰值限制下功率回路杂散电感的上限，用于指导功率回路杂散电感的控制和设计，提高功率变换器设计成功的概率。最后，仿真计算了不同开关速度下的开通损耗和开通过电压，用于实现开通过电压和开通损耗的折中设计，并采用实验验证了所提开通过电压分析和抑制方法的正确性。分析结果表明：门极有源驱动能够在不过分增大开通损耗的前提下，通过调节开通速度来实现开通过电压的抑制，但是当主功率回路杂散电感较大时，门极有源驱动对开通过电压的抑制效果下降；通过优化布局布线或加入吸收电路等方法控制主功率回路杂散电感是抑制开通过电压的最有效方法。

本章分析了功率回路杂散电感和开通阶段的电流上升率 di/dt 与电压下降率 dv/dt 对开通过电压和开通损耗的影响，对于理解开通过电压问题的来源，同时寻求开通过电压和开通损耗折中设计的方向有非常大的帮助。然而，开通阶段的 di/dt 和 dv/dt 并不是直接控制量，实际应用只能通过直接控制开通电阻和主功率回路杂散电感来调节开通过电压峰值。所以，基于准确的器件模型建立半桥电路的仿真模型，用于研究开通过电压峰值和开通损耗的折中优化更适合工程应用。然而，值得指出的是，虽然基于仿真模型的分析方法更加准确直观，但是借助本章提出的分析方法才能够深入理解开通过电压问题的本质，进而发现需要优化设计的关键参量，指导优化设计的方向。

在基于准确器件模型建立半桥电路仿真模型的基础上，可以进一步建立门极有源驱动模型，用于研究在不同主功率回路杂散电感下，通过门极有源驱动抑制开通过电压的能力。同时结合开通损耗，进一步综合评估门极有源驱动的价值和潜力。

第4章

关断过程分析与关断过电压抑制

本章分析宽禁带器件组成的半桥电路的关断过程和关断过电压问题。在 GaN 器件硬关断过程分解的基础上建立关断过电压问题的解析模型，分析关断损耗计算方法和关断过电压产生机理，并在此基础上分析抑制关断过电压的方法。值得指出的是本章的分析虽然基于 GaN HEMT，然而分析方法同样适用于 SiC MOSFET。不失一般性，本章仍选择功率半桥作为分析对象。

4.1 半桥电路硬关断过程分析

和硅基功率半导体器件不同，宽禁带器件由于尺寸较小，门极电容和栅漏电容均较小，所以宽禁带器件关断的关断速度也远大于硅基功率半导体器件。由此导致宽禁带器件关断过程分析、关断损耗计算和关断过压机理都和硅基功率半导体器件存在差别。所以本节根据宽禁带器件关断速度的不同和关断机理的不同，分两种情况对宽禁带器件的关断过程、关断损耗计算和关断过电压机理展开分析，进而指出对应的关断过电压问题解决办法。

4.1.1 GaN HEMT 快速关断工况

在分析快速关断过程时，根据关断过程中电流通路和电路结构的不同，将关断阶段分为 $P_5 \sim P_8$ 这 4 个阶段，如图 4-1 所示。

1. 关断阶段 P_5

关断阶段 P_5 称为关断延时阶段，在 t_5 时刻，门极电压在关断电压的作用下开始下降，直到 t_6 时刻，流过下管的电流开始下降，门极电压下降到米勒平台电压 V_{gplat1} 为止，关断阶段 P_5 结束。米勒平台电压 V_{gplat1} 由负载电流 I_o、门槛电压 V_{th} 和器件跨导 g_m 决定，其计算公式为

$$V_{gplat1} = I_o / g_m + V_{th} \tag{4-1}$$

在该阶段，尽管门极电压在下降，但是下管仍然工作在线性电阻区，下管漏源电压变化量很小。此时导电沟道电阻随着漏源电压上升而增大，但是此时导通电阻仍然很小，器件仍然工作在线性工作区，器件在关断阶段的损耗非常小，可以忽略。关断阶段 P_5 的等效电路如图 4-2a 所示。

2. 关断阶段 P_6

关断阶段 P_6 是器件导电沟道逐渐关断阶段，从 t_6 时刻开始，门极电压通过门极关断回路继续放电，和传统硅基功率半导体器件不同，由于宽禁带器件的栅漏电容 C_{rss} 较小，门极电压并没有维持在米勒平台电压 V_{gplat1}，而是不断下降。负载电流源部分电流

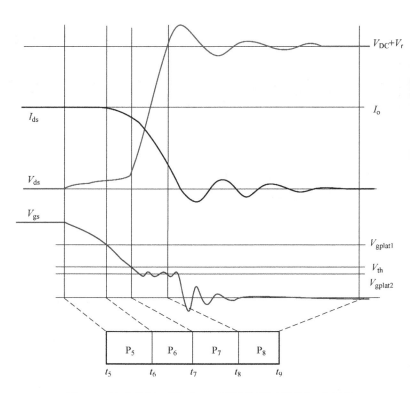

图 4-1 快速关断工况下 GaN 器件关断过程分解示意图

给上管输出电容放电，上管漏源电压不断降低。同时，流过下管的电流一部分通过下管的导电沟道流通，其他部分给下管漏源电容充电，下管漏源电压有所上升，直到 t_7 时刻门极电压降到门槛电压 V_{th}，关断阶段 P_6 结束。由于关断阶段 P_6 的持续时间较短，因此下管漏源电压上升较小。关断阶段 P_6 的等效电路如图 4-2b 所示。

关断阶段 P_6 是宽禁带器件导电沟道逐渐关闭阶段，也是关断阶段损耗主要产生的阶段。由于该关断阶段持续时间比较短，器件的漏源电压上升也不大，所以该关断阶段产生的损耗也不大。这是宽禁带器件的关断损耗远低于其开通损耗的原因，也是宽禁带器件关断损耗远低于硅基功率半导体器件的原因。

3. 关断阶段 P_7

关断阶段 P_7 称为漏源电压上升阶段，在 t_7 时刻下管门极电压降到门槛电压以下，下管导电沟道关闭，下管漏源电压在漏源电流充电下快速上升，流过下管的电流也不断减小，而上管输出电容放电电流逐渐增大，二者之和等于负载电流。关断阶段 P_7 在 t_8 时刻结束，此时上管续流二极管导通，下管漏源电压上升到直流母线电压 V_{DC} 和上管反向续流压降 V_r 之和。关断阶段 P_7 的等效电路如图 4-2c 所示。

在该关断阶段漏源电压快速上升，快速上升的漏源电容通过栅漏电容耦合电流进入门极关断回路，可能导致门极电压出现一个低于开启电压的米勒平台电压 V_{gplat2}，如图 4-1 所示。由于此阶段沟道电流已经关断，所以该关断阶段不存在关断损耗。

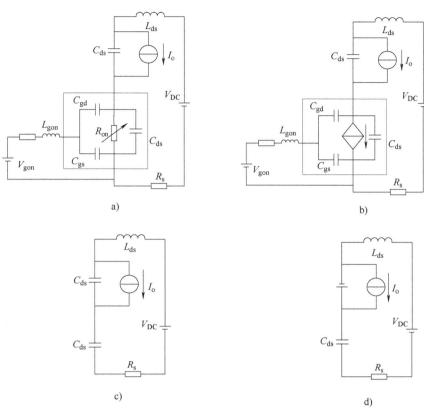

图 4-2 半桥电路在快速关断工况下不同关断阶段的等效电路
a）关断阶段 P_5 b）关断阶段 P_6 c）关断阶段 P_7 d）关断阶段 P_8

4. 关断阶段 P_8

关断阶段 P_8 称为关断谐振阶段，该阶段从上管续流二极管导通 t_8 时刻开始，到 t_9 时刻谐振结束。在此关断阶段，上管可以用导通压降等于 V_r 的电压源等效，下管用输出电容 C_{ds} 等效。关断阶段 P_8 的等效电路如图 4-2d 所示。

由于主功率回路寄生电感 L_{ds} 的存在，寄生电感 L_{ds} 和下管的输出电容 C_{ds} 构成串联谐振回路，导致下管漏源电压出现关断过电压。而且，从前文的分析可以看出，在沟道电流关断阶段 P_6 结束时，下管漏源电压仍然较低。所以，在门极电压快速关断工况下，由于沟道电流快速关断，关断阶段的过电压主要由寄生电感 L_{ds}、器件输出电容 C_{ds} 和负载电流 I_o 的大小决定。这种工况下，可以通过优化功率回路布局布线、减小主功率回路电感的方法来减小关断过电压。如果通过减小主功率回路电感的方法无法减小关断过电压，那么可能需要增大关断回路阻抗、减慢关断速度的方法，这种方法对应后文要分析的门极电压慢速关断工况。此外，此阶段的损耗主要是谐振阻尼损耗，此阶段的关断损耗基本可以忽略。

4.1.2 GaN HEMT 慢速关断工况

在分析慢速关断过程时，根据关断过程中电流通路和电路结构的不同，将关断阶

段分为 $P_9 \sim P_{12}$ 这 4 个阶段，如图 4-3 所示。和图 4-1 快速关断工况不同，图 4-3 所示的慢速关断工况中，关断器件的门极电压 V_{gs} 下降到门槛电压 V_{th} 的时间明显延长，在漏源电压快速上升阶段，门极电压仍然高于门槛电压 V_{th}，关断器件的导电沟道仍然导通。

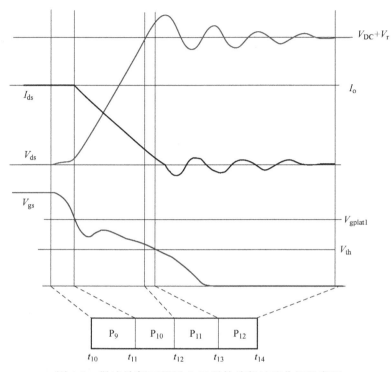

图 4-3　慢速关断工况下 GaN 器件关断过程分解示意图

1. 关断阶段 P_9

关断阶段 P_9 称为关断延迟阶段，该阶段从 t_{10} 时刻门极电压下降开始，到 t_{11} 时刻门极电压下降到等于米勒平台电压 V_{gplat1} 为止。关断阶段 P_9 的等效电路如图 4-4a 所示。

和前文分析类似，该关断阶段器件的门极电压通过门极放电回路放电而有所下降，但是器件仍工作在线性工作区，器件导通电阻虽然不断增大，但是仍然较低。所以该阶段的关断损耗较小，可以忽略。

2. 关断阶段 P_{10}

关断阶段 P_{10} 称为漏源电压上升阶段。由于门极电压关断速度比较慢，关断器件工作在饱和区，其漏源电压随门极电压下降而快速上升，快速上升的漏源电压通过栅漏电容 C_{rss} 向门极关断回路注入电荷，进一步减慢了器件的关断速度。在该关断阶段，流过器件的沟道电流逐渐减小，同时流过下管的漏源电流也逐渐减小，导致流过主功率回路寄生电感的电流也逐渐减小。流过主功率回路寄生电感电流的减小有利于减小后续关断阶段主功率回路寄生电感和关断器件漏源电容谐振导致的器件的关断过电压。但是其代价是延长了关断器件漏源电压的上升时间，增大了关断损耗。大多数减小关断过电压的智能驱动方法，大都是通过减慢关断阶段 P_{10} 中沟道电流关断速度、减小关断阶段 P_{10} 结束时刻的漏源电流来实现关断过电压抑制的。

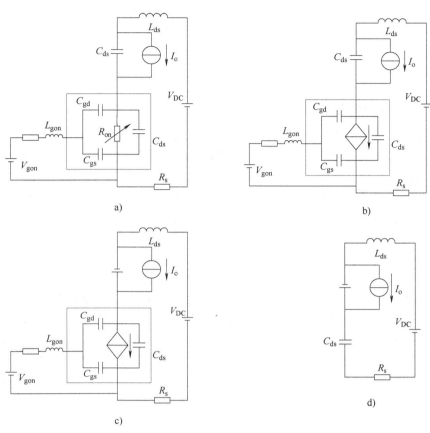

图 4-4　半桥电路在慢速关断工况下不同关断阶段的等效电路
a）关断阶段 P_9　b）关断阶段 P_{10}　c）关断阶段 P_{11}　d）关断阶段 P_{12}

关断阶段 P_{10} 在其漏源电压上升到等于直流母线电压和续流二极管导通压降之和的 t_{12} 时刻结束，或者门极电压下降到等于其门槛电压时结束，不失一般性，这里仅讨论漏源电压先上升到等于直流母线电压和续流二极管导通压降之和这一种情况。半桥电路在关断阶段 P_{10} 的等效电路如图 4-4b 所示，此时上管可以用电压源 V_r 近似，下管用受控电流源和输出电容并联近似。

3. 关断阶段 P_{11}

关断阶段 P_{11} 称为电流下降阶段，该阶段从 t_{12} 时刻上管续流二极管导通时刻开始，到 t_{13} 时刻关断器件门极电压下降到门槛电压为止。在此阶段，关断器件的沟道电流尚未关闭，关断器件仍然工作在饱和区，抑制关断器件出现输出过电压。由于此阶段器件仍未关断，故仍然存在关断损耗。半桥电路在关断阶段 P_{11} 的等效电路如图 4-4c 所示。

4. 关断阶段 P_{12}

关断阶段 P_{12} 称为关断谐振阶段，该阶段从 t_{13} 时刻器件关断开始到 t_{14} 时刻谐振结束为止。由于经过关断阶段 P_{10} 和 P_{11}，流过主功率回路的电流已经下降到较小值，所以此阶段主功率回路和关断器件输出电容之间的谐振强度不大，关断器件的输出过电压能得到有效抑制。此阶段的损耗主要是谐振衰减损耗，近似可以忽略。半桥电路在关断阶段 P_{12} 的等效电路如图 4-4d 所示，此阶段器件已经彻底关断，关断器件可以用其漏源电容近似。

4.2　关断过电压抑制方法

从前文关断过程分析可以看出，快速关断工况下，待关断器件的门极电压快速下降到门槛电压以下，器件的关断过电压峰值由主功率回路寄生电感、负载电流和器件的漏源电容大小决定，这种工况下只能通过优化主功率回路布局布线、减小主功率回路寄生电感的方法减小关断过电压。在慢速关断工况下，由于沟道电流的分流作用可以减小器件的关断过电压峰值。所以，通过控制器件沟道电流的关断速度可以抑制器件的关断过电压。

在慢关断工况下，通过增大关断回路电阻来减慢关断速度的方法虽然可以减小关断过电压，但是会增大器件的关断损耗。结合前文分析可以看出，在器件的 4 个关断阶段，抑制关断电压过冲最重要的是要减慢关断过程中电流下降阶段的速度。因此，为了实现关断过电压抑制同时不至于导致关断损耗的显著增大，提出了抑制关断过电压的有源驱动技术。关断过电压抑制有源驱动技术的工作原理如下：在器件关断延时阶段、漏源电压上升阶段和关断谐振阶段均采用较低的门极关断电阻对器件进行关断，当检测到处于电流下降阶段后，则用较大的门极关断电阻减慢关断速度，从而实现关断过电压抑制，同时不至于过分延长关断时间，导致关断损耗的增加。

4.3　本章小结

宽禁带功率半导体器件寄生电容小、关断速度快，其关断过电压和振荡问题相较于硅基器件也更为严重。本章分快速关断和慢速关断两种工况对宽禁带功率半导体器件硬关断过程展开了详细的解析，分析了两种不同工况下关断过电压产生的机理、关断过电压抑制方法和关断损耗计算方法，同时指出了在不过分增大关断损耗的条件下抑制关断过电压的有源驱动技术的工作原理。

第5章

开通串扰分析与抑制

　　宽禁带器件由于输入电容小、开关速度高，在半桥电路中造成的串扰问题更加严重，必须加以定量的分析和抑制。本章首先采用传统串扰问题解析模型分析半桥电路中的门极串扰电压，通过分析结果和实验结果的对比，指出传统分析方法由于没有考虑门极关断回路寄生电感、器件门极内部电阻和非线性寄生电容的影响，导致分析结果和实验结果之间存在较大的偏离。接着，建立基于器件模型的串扰问题仿真分析方法，通过实验验证仿真分析方法的正确性。然后进一步通过仿真和实验分析门极关断回路阻抗、关断电压和主功率回路杂散电感对门极串扰电压的影响，分析调节门极关断回路阻抗、采用负压关断和调节主功率回路电感3种门极电压串扰抑制方法的有效性。最后，提出一种借助辅助晶体管实现门极串扰抑制的有源钳位电路，并通过实验验证有源钳位电路的有效性。

5.1　串扰问题分析解析电路模型

　　功率半桥电路中的门极串扰示意图如图 5-1 所示，不失一般性，这里分析器件 V_2 快速开通时对管 V_1 门极造成的串扰。

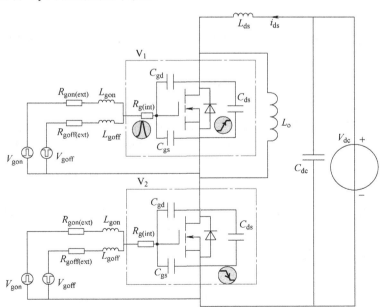

图 5-1　功率半桥电路门极串扰示意图

　　在图 5-1 中，当器件 V_2 快速开通时其漏源电压 V_{ds2} 快速下降，造成 V_1 漏源电压

V_{ds1}快速上升，V_1快速上升的漏源电压造成位移电流通过V_1的栅漏电容C_{gd}耦合到V_1门极关断回路。由于门极关断回路阻抗的存在，注入门极的位移电流在门极关断回路阻抗上形成门极串扰电压V_{gs1}，当V_{gs1}高于V_1的门槛电压时，V_1发生串扰导通。

根据图 5-1 所示的门极串扰示意图，可以得到V_1门极串扰电压的简化分析模型，如图 5-2 所示，其中R_{goff}是门极关断外部电阻$R_{goff(ext)}$和门极内部电阻$R_{g(int)}$之和。

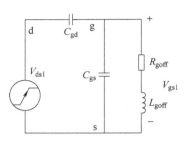

图 5-2 所示的分析模型建立在参考文献［21-23］提出的简化模型的基础上，并进一步考虑了门极关断回路的杂散电感L_{goff}的影响，以提高解析模型的准确性。由于V_1漏源电压上升速度比较快，这里采用式（5-1）所示的斜坡函数对V_1漏源电压V_{ds1}进行建

图 5-2　门极串扰简化分析模型

模，这样既能保证激励模型足够准确，同时还能简化解析模型，以得到串扰电压解析解。

$$V_{ds1}=\begin{cases}0 & (t<0)\\[2mm]\dfrac{V_{dc}}{T_r}t & (0\leqslant t\leqslant T_r)\\[2mm]V_{dc} & (t>T_r)\end{cases} \tag{5-1}$$

式中，V_{dc}是直流母线电压；T_r是电压V_{ds1}直线上升到V_{dc}所用的时间。式（5-1）的 s 域表达式为

$$V_{ds1}(s)=\frac{V_{dc}}{T_r s^2}(1-e^{-sT_r}) \tag{5-2}$$

根据图 5-2 所示的解析模型，可以得到在激励V_{ds1}下，V_1门极串扰电压V_{gs1}的 s 域表达式为

$$V_{gs1}(s)=\frac{L_{goff}C_{gd}s^2+R_{goff}C_{gd}s}{L_{goff}C_{iss}s^2+R_{goff}C_{iss}s+1}V_{ds1}(s) \tag{5-3}$$

式中，C_{iss}是器件的输入电容，其容值等于栅源电容和栅漏电容容值之和。

根据式（5-2）和式（5-3）可以求得门极电压的时域解。定义阻尼系数 ζ 为

$$\zeta=\frac{R_{goff}}{2}\sqrt{\frac{C_{iss}}{L_{goff}}} \tag{5-4}$$

当阻尼系数 $\zeta<1$ 时，门极关断回路为欠阻尼系统，门极串扰电压的时域解为

$$V_{gs1}(t)=[f(t)+g(t)]-[f(t-T_r)+g(t-T_r)]u(t-T_r) \tag{5-5}$$

其中，$f(t)$ 和 $g(t)$ 的表达式分别为

$$f(t)=\frac{C_{gd}V_{dc}}{\omega T_r C_{iss}}e^{-\alpha t}\sin\omega t \tag{5-6}$$

$$g(t)=\frac{R_{goff}C_{gd}V_{dc}}{T_r}\left(1-e^{-\alpha t}\cos\omega t-\frac{\alpha}{\omega}e^{-\alpha t}\sin\omega t\right) \tag{5-7}$$

当阻尼系数 $\zeta>1$ 时，门极关断回路为过阻尼系统，门极串扰电压的时域解为

$$V_{\mathrm{gs1}}(t)=\left[p(t)+q(t)\right]-\left[p(t-T_{\mathrm{r}})+q(t-T_{\mathrm{r}})\right]u(t-T_{\mathrm{r}}) \qquad (5-8)$$

其中，$p(t)$ 和 $q(t)$ 的表达式分别为

$$p(t)=\frac{C_{\mathrm{gd}}V_{\mathrm{dc}}}{2\omega T_{\mathrm{r}}C_{\mathrm{iss}}}\left[\mathrm{e}^{(-\alpha+\omega)t}-\mathrm{e}^{-(\alpha+\omega)t}\right] \qquad (5-9)$$

$$q(t)=\frac{R_{\mathrm{goff}}C_{\mathrm{gd}}V_{\mathrm{dc}}}{T_{\mathrm{r}}}\left[1+\frac{\mathrm{e}^{(-\alpha+\omega)t}}{2L_{\mathrm{goff}}C_{\mathrm{iss}}\omega(-\alpha+\omega)}+\frac{\mathrm{e}^{-(\alpha+\omega)t}}{2L_{\mathrm{goff}}C_{\mathrm{iss}}\omega(\alpha+\omega)}\right] \qquad (5-10)$$

根据式（5-5）~式（5-10）的分析结果，可以通过参数化分析方法分析串扰电压随器件寄生参数和门极回路参数变化的情况。表 5-1 所示是研究门极关断回路电感和电阻对 GaN HEMT 半桥串扰影响的仿真参数，其中 V_1 漏源电压上升时间 T_{r} 来自实验测量，C_{gd} 和 C_{gs} 来自器件 GS61008P 的数据手册，仿真采用的直流母线电压 V_{dc} 也和实验条件保持一致。电阻 R_{goff} 和电感 L_{goff} 的变化范围见表 5-1。

表 5-1　参数化分析参数列表

电路参数	单位	参数值
T_{r}	ns	3.6
C_{gd}	pF	50
C_{gs}	pF	600
V_{dc}	V	48
R_{goff}	Ω	0.5 ~ 10
L_{goff}	nH	0.5 ~ 10

根据表 5-1 所示参数和式（5-5）~式（5-10），计算得到不同门极关断回路参数下 V_1 的门极串扰电压峰值等值线，如图 5-3 所示。

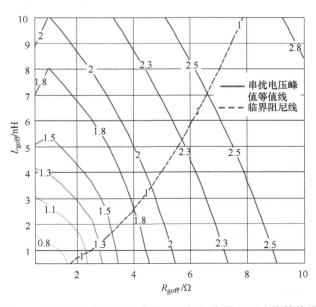

图 5-3　不同门极关断回路参数下的门极串扰电压峰值等值线

从图 5-3 中可以得出如下结论：

1）门极串扰电压随着门极关断回路电感 L_{goff} 的增大而增大，而且 L_{goff} 对串扰电压的影响较为显著，在计算串扰电压时不能忽略 L_{goff} 的影响。同时，这也说明应该优化门极关断回路的布局布线以尽量减小门极关断回路的杂散电感。

2）门极串扰电压基本上是随着门极关断回路电阻 R_{goff} 的增大而增大，所以为了抑制串扰导通，门极关断回路一般采用较小的关断电阻。

3）从图 5-3 中的临界阻尼线可以看出，在一定的门极关断回路电感下，将门极关断回路设计成过阻尼系统反而会增大门极串扰电压。虽然将门极关断回路设计成过阻尼系统有利于抑制器件关断时门极电压的反向过冲，但是一般 GaN 器件的反向击穿电压较高，而且采用肖特基二极管能够很好地抑制门极的反向冲击。所以，没有必要采用较大的关断电阻，将门极关断回路设计成过阻尼系统。

然而，由于计算公式中的器件栅漏电容 C_{gd} 为非线性电容，实际参数化分析时 C_{gd} 该如何选取无法确定。这一点参考文献［21-23］均没有考虑，而是简单地选取 V_{ds} 等于 10V 左右时的栅漏电容值代入计算。所以通过简单解析模型计算的串扰电压会随着选取的栅漏电容的不同而不同，不能准确计算出门极串扰电压的大小。值得指出的是，虽然解析模型不够准确，但是它仍然能够反映不同电路参数对门极串扰影响程度的大小，对于指导器件选型和门极回路优化设计仍然具有一定的指导意义。

5.2　门极串扰抑制方法的评估

参考文献［24］在器件开通过程分解的基础上，建立了一种分析 MOSFET 半桥电路串扰问题的解析模型，对于不同电路参数对半桥电路串扰问题的影响进行了详细的分析。这种解析模型有助于从原理上分析和理解多个因素对半桥电路中串扰的影响，但是存在如下缺点：

1）没有考虑器件寄生电容的非线性特性，虽然能够给出定性分析，但是定量分析结果的准确度不够。

2）解析模型本身建立过程比较复杂，而且解析模型建立在电路方程的基础上，电路方程求解过程同样比较复杂，导致这种解析分析方法不适合实际应用。

3）解析模型一般建立在某种常规工况下，不能对电路的所有工况进行覆盖。

相对于参考文献［24］中的简单解析模型，参考文献［25］首先建立了 GaN HEMT 准确的器件模型，然后基于该模型参数化分析了 GaN HEMT 半桥电路门极串扰问题。由于建立的器件和电路模型的准确度均比较高，所以参考文献［25］的分析结果和实验结果高度吻合。在分析电路参数对半桥电路串扰影响的时候，参考文献［25］除了采用参数化分析方法之外，还采用了频域方法，通过分析激励和门极阻抗的频域特性，较好地揭示了不同电路参数对门极串扰影响的相互作用，对于理解门极串扰随电路参数的非线性变化也非常有帮助。由于影响半桥电路门极串扰的因素非常多，这种分析方法有利于从更加全面的角度提出抑制串扰问题的解决方案。然而，参考文献［25］也存在如下不足：

1）器件模型是采用分段函数进行建模的，各分段模型函数均比较复杂，静态模型不够简洁，非线性电容模型函数也非常复杂，给模型的建立带来了较大的困难。

2）建立的器件模型没有采用 Spice 语言实现，解析分析过程在 MATLAB 中实现，导致电路建模和求解过程都比较复杂。解析分析方法的通用性较低，不适合应用于功率变换器的仿真。

3）没有从串扰导致的损耗角度分析串扰严重程度。在串扰造成的损耗较小的条件下，需要从串扰造成的额外损耗的角度评估串扰抑制的必要性。

这一节在参考文献［24-25］的基础上，提出一种基于器件仿真模型的半桥电路串扰问题分析方法，用于快速准确地分析电路中杂散参数和器件寄生参数对门极串扰的影响。从串扰导通损耗角度出发，评估通过调节门极关断回路阻抗、门极关断电压和主功率回路电感来实现串扰抑制的有效性，并在此基础上提出一种以串扰导通损耗大小为评价指标的功率变换器串扰抑制的设计方法。

本节提出的仿真分析模型的电路示意图如图 5-1 所示，仿真模型由准确的器件模型和电路模型构成。其中仿真采用的 GaN 器件是 GS61008P，该器件的 Spice 建模方法已经在第 2 章详细分析，模型的正确性也得到了仿真和实验的验证。电路中的杂散参数采用 Ansys Q3D 进行提取，提取结果列于表 5-2 中。电路中无源器件的等效电路模型部分来自器件的数据手册，部分通过拟合无源器件的阻抗频域特性得到[24]。

表 5-2　GaN 半桥电路串扰问题仿真和实验分析电路参数

电路参数	参数值	电路参数	参数值
门极开通电压 V_{gon}	5V	门极关断外部电阻 $R_{goff(ext)}$	6.1Ω
门极关断电压 V_{goff}	0V	主功率回路电感 L_{ds}	1.45nH
门极开通回路电感 L_{gon}	3.5nH	直流母线电压 V_{dc}	48V
门极关断回路电感 L_{goff}	4nH	直流母线电容 C_{dc}	18μF
门极开通外部电阻 $R_{gon(ext)}$	5.1Ω	负载电感 L_o	10μH

为了基于仿真模型展开进一步分析，首先需要验证仿真模型的正确性。图 5-4～图 5-6 所示是在不同门极关断电压下，下管硬开通时半桥电路上管和下管的动态开关波形的仿真和实验结果对比。在下管 V_2 开通之前，负载电感 L_o 中的电流通过上管 V_1 的沟道续流，所以流过上管的沟道电流 I_{ch1} 为负值。当下管硬开通时，下管漏源电压 V_{ds2} 快速下降，上管漏源电压 V_{ds1} 快速上升，造成位移电流通过上管栅源电容流入上管门极，上管门极内部电压 $V_{gs1(int)}$ 和门极外部电压 V_{gs1} 上升。基于器件模型展开仿真不仅可以直接观察门极内部串扰电压的大小，而且可以观察流过器件的沟道电流并计算串扰导致的损耗。

从图 5-4～图 5-6 可以看出，在表 5-2 所示的电路参数下，当上管采用 0V 和 −1V 关断电压时，上管门极内部串扰电压均高于器件门槛电压，造成上管沟道串扰导通，如图 5-4b 和图 5-5b 所示。观察图 5-4a～图 5-6a 发现，当发生串扰时，下管开通时的漏源电流过冲也更加严重。以上现象说明当发生串扰导通时，不仅增大了上管的串扰导通损耗，同时也增大了下管的开通损耗。根据图 5-4～图 5-6 的仿真和实验结果，可以计算出不同关断电压下，下管硬开通时的开通损耗以及上管的串扰导通损耗，其计算结

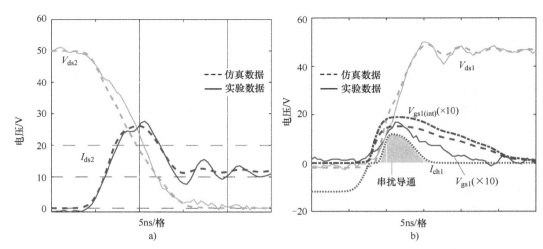

图 5-4 当 $V_{\text{goff}}=0\text{V}$ 时，下管硬开通时器件动态开关波形的仿真和实验结果对比

a）下管 b）上管

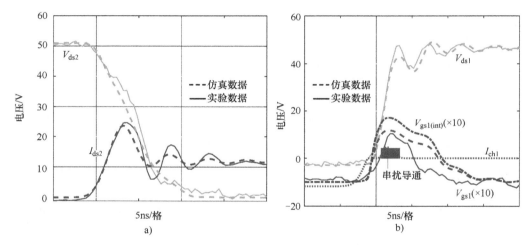

图 5-5 当 $V_{\text{goff}}=-1\text{V}$ 时，下管硬开通时器件动态开关波形的仿真和实验结果对比

a）下管 b）上管

果见表 5-3。其中 E_{on} 代表下管开通损耗，E_{cr} 代表上管串扰导通损耗。

表 5-3 不同关断电压下，下管硬开通损耗和上管串扰导通损耗计算结果

项目	$V_{\text{goff}}=0\text{V}$		$V_{\text{goff}}=-1\text{V}$		$V_{\text{goff}}=-3\text{V}$	
	$E_{\text{on}}/\mu\text{J}$	$E_{\text{cr}}/\mu\text{J}$	$E_{\text{on}}/\mu\text{J}$	$E_{\text{cr}}/\mu\text{J}$	$E_{\text{on}}/\mu\text{J}$	$E_{\text{cr}}/\mu\text{J}$
仿真结果	3.4	1.7	2.7	0.3	2.6	0
实验结果	3.7	—	3.0	—	2.8	—
计算误差	8.1%	—	10%	—	7.1%	—

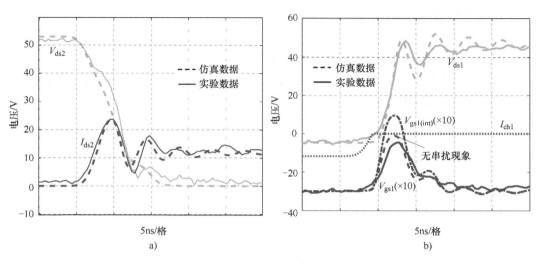

图 5-6　当 $V_{goff} = -3V$ 时，下管硬开通时器件动态开关波形的仿真和实验结果对比

a）下管　b）上管

由图 5-4~图 5-6 和表 5-3 可以得出如下结论：

1）下管硬开通时，仿真得到的器件动态开关波形和实验波形的吻合度比较高，而且根据仿真和实验波形计算得到的下管开通损耗误差也较小，说明了本节提出的基于器件和电路模型的 GaN 半桥电路串扰分析方法的准确度比较高。

2）通过仿真模型能够直接测量发生串扰器件的门极内部电压和沟道电流，不仅能够准确计算出下管的损耗，同时能够计算出上管误导通时的损耗。从表 5-3 中可以看出，当采用 0V 关断电压时，串扰导通带来的损耗已经非常大。准确的串扰导通损耗计算可以用于评估串扰的严重程度。

3）由于门极内部电阻的存在，导致门极内部电压高于门极外部电压。所以，即使实际测量得到的门极电压低于门槛电压，器件仍然具有串扰导通的可能性。借助仿真模型不仅可以准确判断器件是否发生串扰，还可以借助参数扫描的方法优化选取门极关断电阻和关断电压。

无论是参考文献［24-25］建立的解析模型还是本节基于器件模型建立的仿真模型，最终的目标均是借助于参数扫描的方法分析串扰电压随不同电路参数的变化关系，从而确定设计边界或者获得最优设计值。由于 GaN 器件中共源电感可以忽略不计，串扰的激励主要来自流过栅漏电容的位移电流，所以影响半桥电路门极串扰的电路参数主要是门极关断回路阻抗、门极关断电压以及主功率回路电感，其中主功率回路电感主要是通过影响器件漏源电压的上升速率间接影响门极串扰电压的。下文基于所建立的准确仿真模型，通过参数化的方法分析门极关断回路阻抗、门极关断电压以及主功率回路杂散电感对串扰电压的影响。然后基于参数化分析结果实现在一定的开通损耗限制条件下最优的门极关断回路阻抗、门极关断电压以及主功率回路杂散电感的选取。

5.2.1 门极关断回路阻抗对串扰电压的影响

基于仿真模型和表 5-2 所示的默认电路参数值，参数化分析当上管门极采用 0V 关断电压，上管门极关断外部电阻在 0.1~10Ω 范围内变化，同时上管门极关断回路电感在 0.1~10nH 范围内变化时，上管门极内部串扰电压峰值、上管串扰导通损耗以及下管开通损耗的相应变化，如图 5-7 所示。

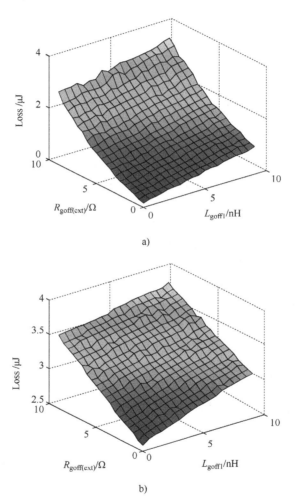

图 5-7 当 $V_{\mathrm{goff}}=0\mathrm{V}$ 时，损耗随门极关断外部电阻和门极关断回路电感的变化

a）上管串扰导通损耗　b）下管开通损耗

从图 5-7 中可以看出，由于门极内部电阻的存在，当采用 0V 关断电压时，在正常的门极关断回路阻抗变化范围内，半桥电路中均发生了不同程度的串扰导通。当门极关断回路阻抗足够大时，串扰导通产生的损耗将大于器件硬开通时的损耗，严重增加了器件的开关损耗。同时，由于上管串扰导通增大了下管硬开通时的电流，下管开通损耗也随着门极关断回路阻抗的增大而增大。

与图 5-3 所示的分析结果一致，门极串扰电压峰值和串扰导通损耗均随着门极关断外部电阻和门极关断回路电感的增大而增大。然而通过减小门极关断外部电阻和门极关断回路电感只能减弱门极串扰强度，不能彻底抑制门极串扰导通的发生。图 5-8 所示是采用 0V 关断电压时，不同 $R_{goff(ext)}$ 和 L_{goff1} 参数组合下，上管串扰导通损耗的变化等值线图。

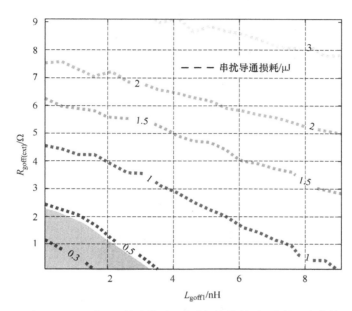

图 5-8 当 V_{goff} = 0V 时，上管串扰导通损耗随不同门极关断回路参数变化的等值线

由于门极采用负压关断将增加驱动设计的复杂度，同时负压驱动会增大器件反向续流阶段的损耗，而且 GaN 器件的门槛电压基本不随工作温度变化[27]，所以在采用 0V 关断时，即使发生了轻微的串扰导通，在串扰导通不至于引起较大损耗增加的条件下，门极仍然可以采用 0V 关断。在图 5-8 中，如果上管串扰导通损耗允许的最大值为 0.5μJ，则图中阴影部分对应的参数 $R_{goff(ext)}$ 和 L_{goff1} 即为允许的门极阻抗设计范围。

5.2.2 门极关断电压对串扰电压的影响

根据上文的分析，在当前的主功率回路电感和硬开通速度下，通过调节门极关断回路阻抗的方法无法完全抑制半桥电路中的串扰导通。当需要彻底抑制门极串扰导通的发生时，最可靠的方法就是采用负压进行关断。然而，当关断负压过小时，不足以彻底抑制串扰导通；关断负压过大不仅会增大器件续流阶段的损耗，而且会增大门极反向击穿的风险。所以存在一个能够彻底抑制串扰导通的最优关断负压。下文采用参数化方法分析门极关断负压对串扰导通的影响，进而选取最优关断负压。

根据仿真模型，得到门极采用 -1V 和 -2V 关断电压时，上管串扰导通损耗和下管硬开通损耗随不同门极关断回路阻抗变化的曲线分别如图 5-9 和图 5-10 所示。

从图 5-9 和图 5-10 中可以看出，上管串扰导通损耗随着门极负压的增大而不断减小。同时，随着串扰强度不断减小，下管硬开通损耗也基本维持在 2.6μJ 左右。在两种不同负压下得到的上管串扰导通损耗等值线如图 5-11 所示。

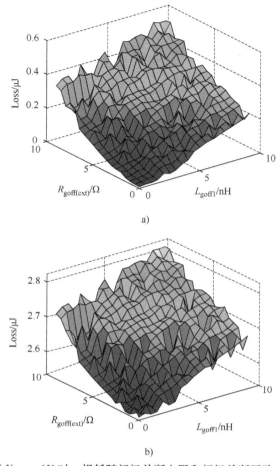

a)

b)

图 5-9   当 $V_{goff}=-1V$ 时，损耗随门极关断电阻和门极关断回路电感的变化

a）上管串扰导通损耗   b）下管开通损耗

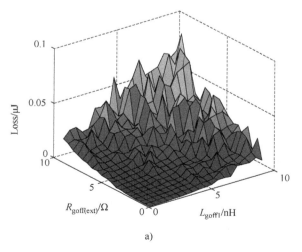

a)

图 5-10   当 $V_{goff}=-2V$ 时，损耗随门极关断电阻和门极关断回路电感的变化

a）上管串扰导通损耗

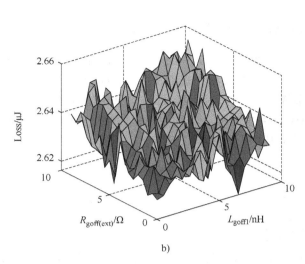

图 5-10　当 $V_{goff} = -2V$ 时，损耗随门极关断电阻和门极关断回路电感的变化（续）

b）下管开通损耗

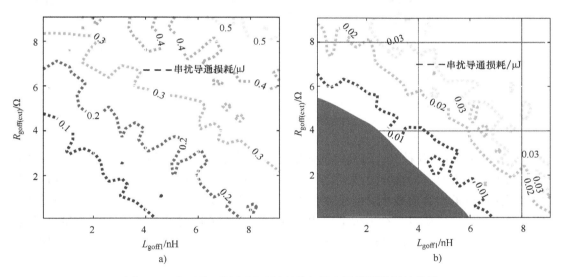

图 5-11　在两种不同负压下得到的上管串扰导通损耗等值线

a）$V_{goff} = -1V$　b）$V_{goff} = -2V$

从图 5-11 中可以看出，随着负压的增大，串扰导通损耗显著减小；而且随着串扰导通损耗的增大，允许的门极关断回路电阻值和电感值均在增大，这样可以减小门极关断回路设计的难度。所以，在无法通过门极关断回路优化设计尽量减小门极关断回路电感的条件下，借助负压关断可以有效地抑制门极串扰的发生。此外还可以看出，在 -1V 关断电压下，门极串扰导通损耗已经非常小，考虑到门槛电压随温度变化的稳定性，实际应用中为了减小器件反向续流阶段的损耗，可以选用 -1V 电压作为门极关断电压。当需要彻底抑制门极串扰导通时，可以选用 -2V 关断电压，同时将门极关断回路电感和门极关断电阻设计在图 5-11b 阴影部分对应的范围内。

5.2.3 主功率回路电感对串扰电压的影响

在一定的门极驱动条件下，主功率回路电感的不同决定了半桥电路任意一个器件硬开通时对管电压上升速率的大小，进而决定了串扰激励的大小，所以主功率回路电感对半桥电路门极串扰电压也有着严重的影响。基于仿真模型和表 5-2 中的默认电路参数，得到门极采用 0V 关断电压时，不同主功率回路电感和门极关断电阻下的上管串扰导通损耗和下管硬开通损耗，如图 5-12 所示。

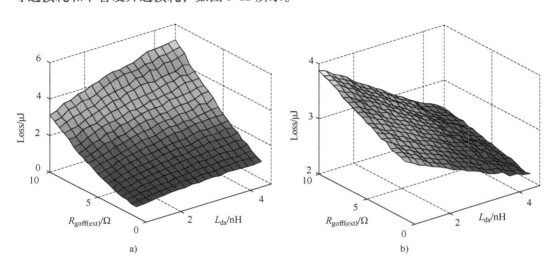

图 5-12　门极采用 0V 关断电压时，不同主功率回路电感和门极关断电阻下的损耗
a）上管串扰导通损耗　b）下管硬开通损耗

从图 5-12 中可以看出，门极串扰强度随着主功率回路电感的增大而增大，尤其门极关断电阻较大时，串扰导通损耗已经大于器件硬开通损耗。虽然硬开通损耗随着主功率回路电感的增大而减小，但是器件硬开关时的漏源电压过冲也随着主功率回路电感的增大而增大。所以，在半桥电路串扰导通时，除了从门极关断回路阻抗和关断电压角度考虑外，在设计之初就应该从减小串扰激励强度的角度出发减小主功率回路杂散电感的大小。

综合以上的分析可以得到在解决半桥电路的串扰问题时，首先应该从优化布局布线减小主功率回路杂散电感的角度开始入手；接着在满足效率和开关漏源电压应力的前提下，选择合适的门极开通速度，以最小化串扰激励；最后在满足串扰抑制指标的条件下，从优化门极关断回路阻抗和关断电压的角度解决门极串扰问题。以上设计过程可以借助仿真模型，通过参数扫描和迭代设计的方法不断完善设计参数，最终实现效率、成本和串扰导通抑制等多种设计指标的优化折中。

5.3　门极有源钳位电路

由于采用负压驱动会增加成本和门极驱动的复杂度，同时负压驱动还会增大 GaN 器件反向续流损耗以及门极反向击穿的风险，所以在 GaN 器件的中小功率应用中，还是比较倾向于采用 0V 作为关断电压。通过前文的分析知道，当采用较小的门极关断回路阻抗时，可以较大程度上减小门极串扰电压。为了抑制 0V 关断电压下半桥电路发生串扰导通，本节提出一种具有串扰抑制效果的门极有源钳位（Gate Active Clamping，GAC）电路。实验结果表明本节提出的 GAC 电路可以将 0V 关断电压下的门极串扰电压抑制到和采用 -1V 关断电压下相同的串扰电压水平。

GAC 电路的原理图如图 5-13 所示，其中 V_1 和 V_2 分别是 GaN 半桥电路的上管和下管，由两路含死区的互补调制信号 PWM1 和 PWM2 驱动。V_3 和 V_4 分别是上下管门极串扰抑制辅助晶体管，分别由脉宽调制信号 PWM2 和 PWM1 驱动。GAC 电路实现串扰抑制的原理如下：同一调制信号同时驱动半桥电路中的一个功率器件及其对管的门极辅助晶体管，由于辅助晶体管是小信号开关 MOSFET，其门极电荷远小于 GaN 器件的门极电荷，所以其开关速度比 GaN 器件快很多。因此，当功率器件硬开通时，在其对管漏源电压快速上升之前，对管栅极和源极间连接的小信号 MOSFET 已经处于彻底导通状态；而在功率器件开通之前，由于死区的存在，辅助晶体管已经处于彻底关断状态。由于辅助晶体管导通电阻小，且靠近门极放置，通过辅助晶体管形成的门极关断回路的关断电阻和电感均较小，所以能够有效抑制门极串扰。同时，当采用 GAC 电路抑制门极串扰时，门极关断电阻可以在较大范围内变动以调节器件的关断速度和关断时漏源电压过冲。

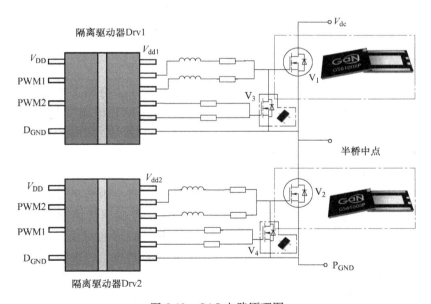

图 5-13 GAC 电路原理图

为了验证 GAC 电路的有效性，实验中选用 4 个隔离驱动芯片 Si8271 分别用于驱动图 5-13 中 GaN 功率开关管 V_1、V_2 和辅助晶体管 V_3、V_4。实验中采用 N 沟道的小信号 MOSFET SSM3K56FS 作为辅助晶体管。图 5-14 所示是上管门极采用 -1V 关断电压和不同门极关断电阻下，下管硬开通测量得到的上管门极串扰电压波形。同时，为了对比验证 GAC 电路的有效性，图 5-14 中还给出了上管采用 0V 关断电压和 6Ω 外部关断电阻下，上管门极含 GAC 电路的串扰电压实验测量结果。

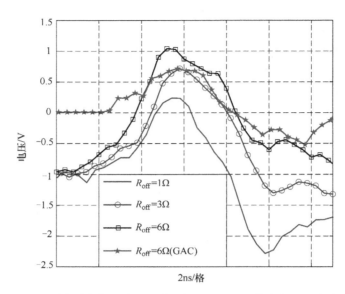

图 5-14　不同实验条件下半桥电路器件硬开通时上管串扰电压实验波形

从图 5-14 中可以看出，当上管门极采用 GAC 电路后，上管在 0V 关断电压和 6Ω 关断电阻下的门极串扰电压峰值和上管在-1V 关断电压和 3Ω 关断电阻下的门极串扰电压峰值接近，证明了 GAC 电路具有较好的串扰抑制效果。

5.4　本章小结

本章首先在考虑门极关断回路寄生电感存在的条件下，分析了半桥电路串扰问题解析模型，得到了门极串扰电压随门极关断回路寄生电感和电阻变化的解析表达式，指出门极串扰电压随门极关断回路电阻和电感的增大而增大，同时发现门极关断回路设计成过阻尼系统反而会增大门极串扰。实际设计中在不至于造成严重的门极振荡的条件下，门极关断回路电感和电阻希望尽量减小。

由于传统解析模型过于简单，没有考虑器件跨导和寄生电容的非线性效应，无法准确分析半桥电路中的串扰问题。本章提出了一种基于准确器件模型的 GaN 半桥电路串扰问题分析方法，首先通过多组实验和仿真动态开关波形的对比，验证了所提仿真模型的正确性。接着借助于仿真模型分析门极关断回路阻抗、门极关断电压以及主功率回路杂散电感对串扰电压的影响。分析结果表明，由于门极内部电阻的存在，在一定的开通速度和主功率回路电感的条件下，通过减小门极关断回路电感和电阻的方法只能减小串扰导通的严重程度，并不能彻底抑制串扰。在某一允许的串扰导通损耗下，通过参数化分析方法给出了门极关断回路电感和电阻值设计范围。通过参数化分析，确定了完全抑制门极串扰的最低门极关断负压。通过参数化分析主功率回路电感与串扰电压的关系，提出了一种基于仿真模型的功率变换器优化折中设计方法。相比于其他文献提出的解析分析方法，本章提出的分析方法具有如下优点：

1）可以通过仿真模型直接观察门极内部电压和沟道电流，能够准确计算串扰带来的损耗，判断串扰的严重程度。

2）由于电路中的主功率回路电感、门极驱动电路和吸收电路等均对串扰电压有影响，所以在功率变换器设计之初，就要从损耗、应力、EMI 噪声等角度综合考虑门极串扰问题。通过借助于电路仿真模型，可以快速地分析功率回路杂散电感、门极回路寄生电感、门极驱动电阻和门极关断电压等对应力、损耗和串扰电压的影响，进而确定最优的串扰抑制方法。

3）基于器件模型的分析方法，测量简单，仿真数据准确度高，数据处理方便，并且可以借助参数化分析方法，判断串扰抑制方法的有效性，同时可以验证变换器设计的合理性，非常适合实际应用。

4）基于门极 0V 关断电压的诸多优点，本章提出了一种简单的 GAC 电路，用于在门极采用 0V 关断电压时抑制门极串扰的强度，尽量减小门极串扰带来的损耗。本章详细分析了 GAC 电路的工作原理以及实现方法，并通过实验发现，由于门极内部电阻的存在，当器件的漏源电压上升率足够高时，GAC 电路虽然不能完全抑制门极串扰的发生，但是 GAC 电路可以将门极串扰导通带来的额外损耗抑制到采用-1V 关断电压的水平。由于 GAC 电路实现简单，并且可以有效抑制门极串扰强度，简化门极驱动的设计，因此具有潜在的实际应用价值。

第6章

基于GaN器件和平面磁集成矩阵变压器的高频LLC变换器优化设计方法

LLC 变换器工作在谐振状态，当开关频率低于谐振频率时，变压器前级功率器件能够实现零电压开通（ZVS），而变压器后级功率器件能够实现零电流关断（ZCS），因此 LLC 变换器的开关损耗较低，当工作在较高的开关频率下时可以获得较高的效率和功率密度。新型宽禁带 GaN 器件具有更低的寄生电容和导通电阻，能够同时减小 LLC 变换器的开关损耗和导通损耗，为进一步提升 LLC 变换器的效率和功率密度带来新的契机。平面磁集成矩阵变压器技术的发展也有利于减小磁芯体积和重量，同时为实现变压器总损耗和变压器尺寸的优化折中设计提供了可能。

本章首先推导 LLC 变换器在谐振工作条件下的谐振电流和整流电流解析表达式，并基于此提出一种谐振参数优化设计方法；接着基于 GaN 器件模型构建 LLC 变换器的仿真模型，并借助仿真模型验证所设计的 LLC 变换器谐振参数的正确性，同时提出一种基于 LLC 变换器仿真模型的主功率回路迭代设计方法，用于缩短 LLC 变换器迭代设计的时间和成本。最后，提出一种能够进一步提高 LLC 变换器效率和功率密度的平面磁集成矩阵变压器优化设计方法，并通过实验验证所提设计方法的正确性．

6.1 LLC 变换器谐振参数优化设计方法

目前，LLC 变换器谐振参数的设计大多基于基波近似原理，然而现有设计方法在设计谐振参数时大多只考虑满足基本的增益和调频范围指标，而不能直观反映谐振参数对损耗和效率的影响，因此难以实现谐振参数的优化设计。考虑到 LLC 变换器大部分时间工作在谐振频率附近，本节首先推导在谐振频率下，LLC 变换器谐振电流和整流电流有效值与死区时间的关系，然后在满足增益范围、调频范围和 ZVS 工作的条件下，选择使谐振频率点励磁电流和整流电流有效值最小的死区时间，并在此基础上实现谐振参数的优化设计。

6.1.1 LLC 变换器的基本工作原理

基波近似是假设从变换器输入侧通过谐振网络传输到变换器输出侧的功率仅与变换器输入侧和输出侧电压和电流的基波成分有关。典型的全桥 LLC 谐振变换器的电路原理图如图 6-1a 所示，根据基波近似，图 6-1a 所示的全桥 LLC 变换器的基波近似等效电路如图 6-1b 所示。

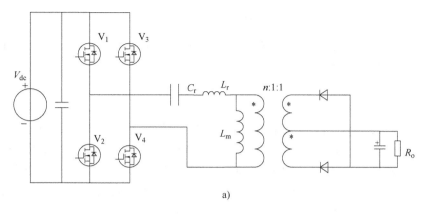

a)

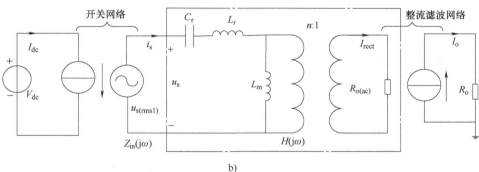

b)

图 6-1　全桥 LLC 变换器

a) 原理图　b) 基波近似等效电路

图 6-1 中，L_r、C_r 和 L_m 分别是谐振电感、谐振电容和励磁电感，$n:1:1$ 和 $n:1$ 是变压器的电压比，R_o 是负载电阻。根据图 6-1b 所示的基波近似等效电路，可以得到图中谐振网络的传递函数 $H(\mathrm{j}\omega)$ 为

$$H(\mathrm{j}\omega) = \frac{u_{o(\mathrm{rms1})}}{u_{s(\mathrm{rms1})}} = \frac{R_{eq} \,//\, (\mathrm{j}\omega L_m)}{Z_{in}(\mathrm{j}\omega)} \tag{6-1}$$

式中，$Z_{in}(\mathrm{j}\omega)$ 是谐振网络的输入阻抗，其表达式为

$$Z_{in}(\mathrm{j}\omega) = \frac{u_{s(\mathrm{rms1})}}{i_{s(\mathrm{rms1})}} = \frac{1}{\mathrm{j}\omega C_r} + \mathrm{j}\omega L_r + R_{eq} \,//\, (\mathrm{j}\omega L_m) \tag{6-2}$$

LLC 变换器的电压增益 M 等于谐振网络传递函数的 n 倍，其表达式为

$$M(f_n, L_n, Q) = \frac{1}{\sqrt{\left(1 + \dfrac{1}{L_n} - \dfrac{1}{L_n f_n^2}\right)^2 + Q^2 \left(f_n - \dfrac{1}{f_n}\right)^2}} \tag{6-3}$$

式中，f_n、L_n 和 Q 分别是归一化开关频率、励磁电感 L_m 与谐振电感 L_r 之比和品质因数，其定义表达式分别为

$$f_n = \frac{f_s}{f_r} \tag{6-4}$$

$$L_n = L_m / L_r \tag{6-5}$$

$$Q = \frac{\omega_r L_r}{R_{eq}} \tag{6-6}$$

式中，f_r 是由谐振电感 L_r 和谐振电容 C_r 决定的谐振频率；f_s 是开关频率；R_{eq} 是负载电阻折算后的等效负载，其表达式为

$$R_{eq} = \frac{8n^2 R_o}{\pi^2} \tag{6-7}$$

式（6-3）非常重要，可以根据该增益公式研究电压增益随电感比 L_n 和品质因数 Q 的变化，同时增益公式也是根据增益和调频范围指标设计谐振参数的重要依据。为了保证变压器前级器件实现 ZVS，需要同时满足两个条件。第一个条件就是变换器工作在感性工作区，第二个条件是励磁电感储能足够大且死区时间足够长，保证励磁电流能够在死区时间内对功率器件的输出电容进行完全放电。

为了满足实现 ZVS 的第一个条件，谐振网络输入阻抗计算公式［式（6-2）］的虚部必须大于 0，而输入阻抗虚部等于 0 的开关频率点，则对应着增益曲线上变压器前端器件工作在 ZVS 和 ZCS 模式的边界。根据式（6-2），输入阻抗虚部等于 0 时对应的归一化开关频率为

$$f_{nZ}(L_n, Q) = \sqrt{\frac{Q^2 - L_n^{-1}(1 + L_n^{-1}) + \sqrt{[Q^2 - L_n^{-1}(1 + L_n^{-1})]^2 + 4Q^2 L_n^{-2}}}{2Q^2}} \tag{6-8}$$

将式（6-8）代入到式（6-3）就可以得到 ZVS 和 ZCS 工作边界对应的增益上限。为了保证 LLC 变换器变压器前级器件实现 ZVS，在设计 LLC 变换器谐振参数时，需要保证变换器的最大增益小于此增益上限，增益上限对应的开关频率也是变换器工作的最低开关频率。

对于图 6-2 所示的全桥 LLC 变换器，当工作在谐振频率时，励磁电流 i_m 和谐振电流 i_r 的典型波形如图 6-2 所示。

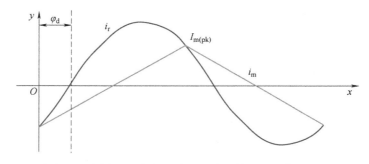

图 6-2　全桥 LLC 变换器励磁电流和谐振电流典型波形

根据图 6-2，可以得到励磁电流峰值 $I_{m(pk)}$ 的计算公式为

$$I_{m(pk)} = \frac{nV_o T_r}{4L_m} \tag{6-9}$$

从式（6-9）可以看出，励磁电流的峰值和励磁电感大小成反比。由于谐振网络中

的励磁电流会增大器件的导通损耗，所以希望采用较大的励磁电感以减小励磁电流。假设在死区时间内励磁电感中电流等于励磁电流峰值不变，则对于图 6-1 所示的全桥 LLC 变换器，为了实现 ZVS，则励磁电感需要满足

$$L_m \leqslant \frac{T_r t_{dt}}{8C_{eq}} \tag{6-10}$$

式中，t_{dt} 是死区时间；C_{eq} 是功率器件电荷等效输出电容。根据式（6-9），为了尽量减小励磁电流峰值，希望励磁电感越大越好，所以选取能够实现 ZVS 的最大励磁电感作为励磁电感的设计值，得到励磁电感与死区时间的关系表达式为

$$L_m = \frac{T_r t_{dt}}{8C_{eq}} \tag{6-11}$$

相比于硅基 MOSFET，GaN 器件输出电容更小，所以实现 ZVS 所需要的励磁电流更小，这也是 GaN 器件相对于硅基 MOSFET 的优势。

6.1.2　谐振电流和整流电流有效值计算

在上一小节中，从满足 ZVS 工作条件的同时最小化励磁电流的角度推导了励磁电感和死区时间关系式［式（6-11）］。所以在谐振频率和功率器件选定的条件下，励磁电感的大小由死区时间决定。当死区时间较大时，固然能够增大励磁电感的同时减小励磁电流峰值，但是较大的死区时间将导致一个开关周期中能量从变压器前级传输到变压器后级的时间减小，在负载不变的条件下，将导致整流电流峰值和有效值均有所增大。而死区时间如果选取得过小，将会导致较大励磁电流和导通损耗。因此，死区时间的选取比较重要。为了选择合理的死区时间，首先需要清楚谐振电流和整流电流随死区时间的变化。

对于图 6-2 所示的谐振电流和励磁电流波形，可以得到谐振电流和励磁电流在半个开关周期的表达式分别为

$$i_r = \begin{cases} i_{r1} = \sqrt{2} I_{p(rms)} \sin(\omega_r t - \varphi_d) \, (0 \leqslant t \leqslant T_r/2) \\ i_{r2} = I_{m(pk)} \, (T_r/2 \leqslant t < T_s/2) \end{cases} \tag{6-12}$$

$$i_m = \begin{cases} \dfrac{nV_o}{L_m} t - I_{m(pk)} \, (0 \leqslant t \leqslant T_r/2) \\ I_{m(pk)} \, (T_r/2 \leqslant t < T_s/2) \end{cases} \tag{6-13}$$

将 $t = 0$ 代入式（6-12）和式（6-13）可以得到 $I_{p(rms)}$ 和峰值电流的关系式为

$$\sqrt{2} I_{p(rms)} \sin\varphi_d = I_{m(pk)} \tag{6-14}$$

同时根据负载电流 $I_o = V_o/R_o$ 可以得到

$$I_o = \frac{2}{T_s} \int_0^{T_s/2 - T_d} (i_r - i_m) \, dt \tag{6-15}$$

根据式（6-15）可以推导出 $I_{p(rms)}$ 和相角 φ_d 之间的关系式为

$$I_o = \frac{4\sqrt{2}\, n I_{p(rms)} \cos\varphi_d}{\omega_o T_s} \tag{6-16}$$

根据式（6-14）和式（6-16），计算出 $I_{p(rms)}$ 为

$$I_{\mathrm{p(rms)}} = \sqrt{\frac{\pi^2 V_{\mathrm{o}}^2 T_{\mathrm{s}}^2}{8n^2 R_{\mathrm{o}}^2 (T_{\mathrm{s}} - 2t_{\mathrm{dt}})^2} + \frac{I_{\mathrm{m(pk)}}^2}{2}} \tag{6-17}$$

式中，t_{dt} 为死区时间。

将式（6-17）代入式（6-12），可以计算出谐振电流的有效值为

$$
\begin{aligned}
I_{\mathrm{r(rms)}} &= \sqrt{\frac{2}{T_{\mathrm{s}}} \int_0^{T_{\mathrm{s}}/2} (i_{\mathrm{r1}} + i_{\mathrm{r2}})^2 \mathrm{d}t} \\
&= \sqrt{I_{\mathrm{r1(rms)}}^2 + I_{\mathrm{r2(rms)}}^2} \\
&= \sqrt{\frac{\pi^2 V_{\mathrm{o}}^2 T_{\mathrm{s}}^2}{8n^2 R_{\mathrm{o}}^2 (T_{\mathrm{s}} - 2t_{\mathrm{dt}})^2} + \frac{(4t_{\mathrm{dt}} + T_{\mathrm{s}}) I_{\mathrm{m(pk)}}^2}{2T_{\mathrm{s}}}}
\end{aligned} \tag{6-18}
$$

同时，可以计算出整流电流的有效值为

$$
\begin{aligned}
I_{\mathrm{s(rms)}} &= \sqrt{\frac{1}{T_{\mathrm{s}}} \int_0^{T_{\mathrm{s}}/2 - T_{\mathrm{d}}} (i_{\mathrm{r}} - i_{\mathrm{m}})^2 n^2 \mathrm{d}t} \\
&= \sqrt{\frac{n^2}{T_{\mathrm{s}}} \int_0^{T_{\mathrm{s}}/2 - T_{\mathrm{d}}} \left(\sqrt{2} I_{\mathrm{p(rms)}} \sin(\omega_{\mathrm{r}} t - \varphi_{\mathrm{d}}) + I_{\mathrm{m(pk)}} - \frac{nV_{\mathrm{o}}}{L_{\mathrm{m}}} t\right)^2 \mathrm{d}t} \\
&= \sqrt{\frac{n^2}{2T_{\mathrm{s}}} (T_{\mathrm{s}} - 2t_{\mathrm{dt}}) \left[\frac{\pi^2 V_{\mathrm{o}}^2 T_{\mathrm{s}}^2}{8n^2 R_{\mathrm{o}}^2 (T_{\mathrm{s}} - 2t_{\mathrm{dt}})^2} + \left(\frac{5}{6} - \frac{8}{\pi^2}\right) I_{\mathrm{m(pk)}}^2\right]}
\end{aligned} \tag{6-19}
$$

6.1.3 谐振参数的优化设计

根据以上推导的谐振电流和整流电流有效值随死区时间变化的关系式，本小节详细介绍 LLC 变换器谐振参数的优化设计过程，LLC 变换器谐振参数优化设计步骤如下：

1. 变压器电压比

为了减小变压器后级器件的关断损耗，同时减小变压器漏感在变压器后级器件硬关断时造成电压应力，所以将变换器的开关频率设置在谐振频率以下以实现变压器后级器件在整个输入电压变化范围内实现 ZCS。因此变压器电压比 N 设置为最大输入电压和输出电压的电压比，其表达式为

$$n = \frac{V_{\mathrm{in(max)}}}{V_{\mathrm{o}}} \tag{6-20}$$

2. 增益范围

在式（6-20）所示的变比下，设线路压降为 V_{f}，则变换器的最小增益和最大增益分别为

$$M_{\mathrm{min}} = \frac{n(V_{\mathrm{o}} + V_{\mathrm{f}})}{V_{\mathrm{in(max)}}} \tag{6-21}$$

$$M_{\mathrm{max}} = \frac{n(V_{\mathrm{o}} + V_{\mathrm{f}})}{V_{\mathrm{in(min)}}} \tag{6-22}$$

3. 电感比 L_{n} 和品质因数 Q

根据式（6-18）和式（6-19），可以得到谐振状态下谐振电流有效值 $I_{\mathrm{r(rms)}}$ 和整流电

流有效值 $I_{s(rms)}$ 随死区时间的变化关系。假设变压器前级器件的导通电阻为 R_{on1}，变压器后级器件同步整流导通电阻为 R_{on2}，则全桥 LLC 变换器总的导通损耗功率 P_{cond} 计算公式为

$$P_{cond} = 2I_{r(rms)}^2 R_{on1} + I_{s(rms)}^2 R_{on2} \tag{6-23}$$

根据式（6-23），可以得到导通损耗对应的死区时间的变换关系，也可以求取最小导通损耗对应的死区时间。但是实际中死区时间的确定还需要满足增益范围要求和最低允许开关频率的限制。

根据式（6-5）和式（6-6）可以得到励磁电感 L_m 与参数 L_n 和 Q 的关系式为

$$L_m = \frac{(L_n Q) R_{eq}}{\omega_r} \tag{6-24}$$

将式（6-24）代入式（6-11），得到参数 L_n 和 Q 的乘积与死区时间的关系式为

$$L_n Q = \frac{\pi t_{dt}}{4 C_{eq} R_o} \tag{6-25}$$

根据式（6-25）得到参数 L_n 和 Q 的乘积 $L_n Q$ 随死区时间的变化，每一个死区时间对应着一个电感比 L_n 和品质因数 Q 的乘积。

将式（6-8）代入式（6-3）可以得到不同电感比 L_n 和品质因数 Q 下 ZVS 和 ZCS 边界工作点处的最大增益和对应的最低开关频率；同时根据式（6-23）和式（6-25）计算得到不同 L_n 和 Q 下的导通损耗。因此，在满足最大增益需求和最低运行开关频率限制的条件下，选取最低的导通损耗对应的 L_n 值和 Q 值，就可以实现谐振参数的优化设计。

6.2　基于 Spice 仿真模型的 LLC 变换器硬件设计与验证

为了充分发挥 GaN 器件的优势同时尽量减小 GaN 器件的缺点带来的负面影响，本节首先总结 GaN 器件用于实现 LLC 变换器的优缺点。接着根据前文提出的 GaN 器件电热行为模型建模方法建立实验中所采用的 GaN 器件的行为模型，并基于该行为模型和上一节优化设计的谐振参数建立 LLC 变换器的仿真模型。基于该虚拟仿真模型，不仅仿真验证谐振参数设计的合理性，同时实现 LLC 变换器主功率电路的迭代优化设计。最后通过实验验证仿真模型仿真结果的正确性和谐振参数设计的合理性。

6.2.1　基于 GaN 器件的 LLC 变换器仿真模型建立

GaN 器件具有优越的性能，当应用于 LLC 变换器时具有如下优点，注意到这些优点有利于充分发挥 GaN 器件的性能。

LLC 变换器的变压器前级器件工作在 ZVS 工作状态，同时变压器后级同步整流器件工作在 ZVS 和 ZCS 状态（同步整流器件实现 ZVS 是通过控制芯片检测同步整流管的漏源电压，保证同步整流管的续流二极管先导通，然后再开通同步整流管），因此 LLC 变换器中所有功率器件均不存在开通损耗。由于 GaN 器件的关断损耗远小于开通损耗，所以 GaN 器件应用于 LLC 变换器时其开关损耗非常小，非常适合工作在较高开关频率

下，以减小无源器件的体积和重量，提高 LLC 变换器的功率密度。

GaN 器件的输入电容、栅漏电容均较小，所以高频工作条件下的驱动损耗也较小。同时较小的输出电容能够在较低的励磁电流和较小的死区时间内实现 ZVS，这既有利于减小导通损耗和关断损耗，同时有利于工作在较高的开关频率。作为宽禁带器件，GaN 器件的导通电阻低，导通损耗小。同时，GaN 器件芯片面积小，有利于提高功率密度。

但是 GaN 器件在使用中也存在如下缺点，在使用时必须注意 GaN 器件的这些不足，以提高 LLC 变换器的可靠性。

GaN 器件反向续流电压降较大，而且反向续流电压降随着门极负压的减小而增大。可以通过优化死区时间减小 GaN 器件反向续流阶段的损耗，必要时可以考虑反并联肖特基二极管。由于 LLC 变换器中器件能够实现 ZVS，不存在硬开通时的串扰导通问题，所以没有必要采用负电压进行关断。同时 GaN 器件较大的反向续流电压降可能损坏半桥上管的自举驱动，所以自举驱动需要精心设计。GaN 器件门极电压安全裕度较低，门极驱动回路需要优化设计以尽量减小驱动回路杂散电感，避免门极击穿。同时，门极回路和主功率回路在 PCB 上尽量垂直放置，减小驱动回路和主功率回路之间的耦合。

LLC 变换器中变压器前级器件工作在硬关断的工作模式，由于 GaN 器件寄生电容小，器件的关断速度非常快，当主功率回路电感较大时容易发生严重的关断过电压和振荡。所以主功率回路电感需要尽量小以减小关断电压应力，下文将基于仿真模型仿真确定 LLC 变换器主功率回路电感的最大值。

根据图 6-1 所示的 LLC 变换器原理图与前文优化设计的谐振参数，可以建立 LLC 变换器的仿真模型。相较于基于功率器件理想开关模型的 LLC 变换器 Simulink 仿真模型，基于准确的器件行为模型和链路杂散参数而建立起来的 LLC 变换器 Spice 仿真模型能够更加准确地仿真器件的开关损耗、电压应力和 ZVS 等动态特性，因此可以更加准确地研究谐振参数、驱动、死区时间以及主电路设计等的合理性。在 Spice 仿真软件 LTSpice 中搭建的全桥 LLC 变换器的闭环控制仿真模型如图 6-3 所示。

图 6-3 的仿真模型主要包含驱动电路、主功率电路和控制电路 3 部分，具体介绍如下。

1. 驱动电路模型

图 6-3 的仿真模型中为每个功率器件设置了单独的驱动电路，每个门极驱动包含门极开关辅助电路、半桥驱动芯片 LM5113 和电阻与电感构成的门极开通/关断电路 3 部分。其中，门极开关辅助电路用于将 PWM 调制器输出的 PWM 信号电平转换为 LM5113 前级驱动电平。具有自举供电能力的 GaN HEMT 半桥驱动芯片 LM5113 的 Spice 模型来自 TI 官网。每个门极开通和关断电路的阻抗可以通过调节各自门极驱动电路的电阻和电感值单独设置。

2. 主功率电路模型

图 6-3 中主功率电路模型主要包括精确功率器件模型、直流回路电感模型、谐振电路模型和负载模型，具体介绍如下。

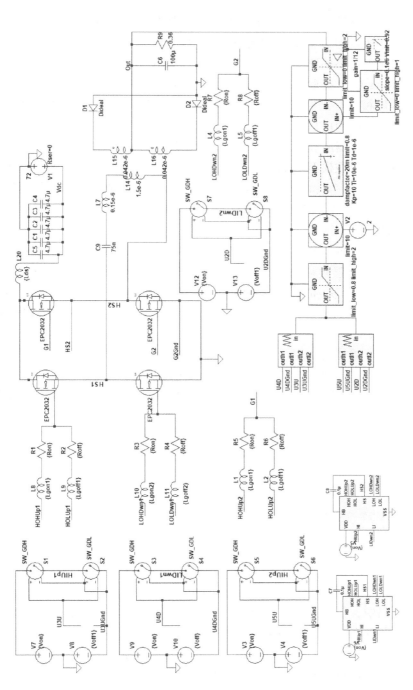

图 6-3　全桥 LLCLTSpice 仿真模型

（1）精确功率器件模型　仿真中使用的 GaN HEMT 是 GaN Systems 公司的 EPC2032，根据前文提供的 GaN HEMT 电热行为模型建模方法和数据手册数据，建立 EPC2032 准确电热行为模型。

（2）直流回路电感模型　图 6-3 中，主功率回路电感 L_{ds} 对功率器件开关过程中的振荡有重要影响，所以可以借助准确的 Spice 电路仿真模型，根据功率器件的耐压等级，通过仿真确定主功率回路电感的设计上限，并辅助吸收电路的优化设计。实际设计中可以通过 Ansys Q3D 提取实际功率回路的直流回路电感。

（3）谐振电路模型　谐振电路主要由谐振电容、谐振电感和变压器构成。仿真时可以通过设置变压器中的前后绕组线圈的耦合系数，改变变压器的漏感，进而可以准确仿真漏感造成的变压器后级整流二极管硬关断器件时的关断电压尖峰大小。

（4）负载模型　负载模型由输出滤波电容和负载电阻并联构成。通过设置输出滤波电容的等效串联电阻（Equivalent Series Resistance，ESR）值，可准确仿真输出滤波电容的 ESR 带来的输出电压纹波和 ESR 对 LLC 闭环控制的影响。

3. 控制电路模型

图 6-3 中的控制电路实现了输出电压的闭环控制，主要由采样模块、起软启动作用的斜坡信号发生模块、限幅模块、比较模块、比例积分微分（Proportional Integral Differential，PID）调节模块和死区时间可调节的脉冲频率调制（Pulse Frequency Modulation，PFM）模块组成。为了提高控制的灵活性，各个控制模块采用 LTSpice 中的行为模型建模实现。

（1）采样模块　采样模块用于完成对 LLC 输出电压的采样，同时对采样电压进行合适的比例缩放，将采样电压调节到合理值后和比较器进行比较。为了简便，这里忽略了采样模块中的滤波环节。实现输出电压采样和电压缩放的采样模块的图形符号库如图 6-4a 所示，其对应的 Spice 模型 gain_limit 代码如下：

```
.subckt gain_limit IN OUT GND
Gin GND 1 IN GND {sgn(gain)}
Rin 1 GND 1
Gout GND OUT 1 GND TABLE = ({limit_low},{limit_low},{limit_
high},{limit_high})
Rout OUT GND 1
.ends
```

以上模型代码中，{gain}、{limit_low} 和 {limit_high} 参数是通过图 6-4b 所示的 gain_limit 模型的图形符号库中的 Value 属性定义的。在实际仿真中，通过右键单击模块的图形符号，可以在 Value 和 Value2 中设置对应参数的数值，多个参数赋值语句可以通过空格隔开。值得指出的是，受控电流源 G 的电流流向是从正极流入受控源，然后从负极流出，所以在使用过程中需要注意受控电流源电流流动方向与其端电压正负之间的关系。

（2）斜坡信号发生模块　斜坡信号发生模块根据用户设定的斜率生成斜坡信号，

其图形符号库和斜率参数设置方法如图 6-5 所示。

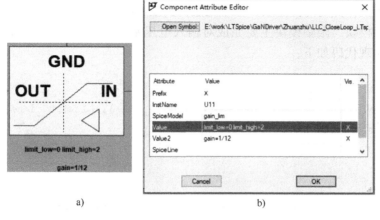

图 6-4 采样模块的图形符号库和参数设置方法

a）图形符号库 b）参数设置方法

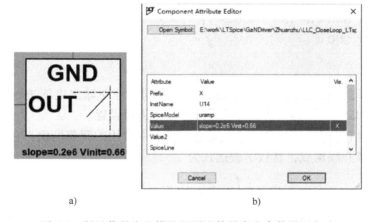

图 6-5 斜坡信号发生模块的图形符号库和参数设置方法

a）图形符号库 b）参数设置方法

斜坡信号发生模块 uramp 的实现代码如下：

```
.subckt uramp OUT GND
G1 1 GND value = {slope}
C1 1 GND 1 ic={Vinit}
Gout GND OUT 1 GND 1
Rout GND OUT 1
.ends
```

以上模型代码中，｛slope｝和｛Vinit｝参数分别可以通过图 6-5b 所示的图形符号库中的 Value 属性设置。模型 uramp 通过设置电容 C_1 的初值设定斜坡信号发生模块的初始值，通过对受控电流源 G_1 的积分，实现输出电压按照给定斜率线性变化。值得提醒的是，电容 C_1 的初值需要用 ic＝value 语句初始化，否则会导致 LTSpice 时域仿真时求取初始稳态工作点的时间延长，甚至无法得到预期的仿真结果。

（3）限幅模块　限幅模块主要完成对输入电压幅值的限制，这个模块的实现非常简单，具体实现代码如下：

```
.subckt lim IN OUT GND
Gout GND OUT IN GND TABLE = ({limit_low},{limit_low},{limit_high},{limit_high})
Rout OUT GND 1
.ends
```

以上代码中 {limit_low} 和 {limit_high} 分别是限幅模块的最低输出电压和最高输出电压，同样可以通过限幅模块图形符号库属性值进行设置。

（4）比较模块　比较模块实现两个输入电压的比较和差值输出，其实现代码如下：

```
.subckt sub IN+ IN- OUT GND
Gout OUT GND IN- IN+ TABLE = ({-limit},{-limit},{limit},{limit})
Rout OUT GND 1
.ends
```

以上代码不仅能实现两个输入电压的作差，同时能对输出电压进行限幅。限幅电压 {limit} 可以通过限幅模块图形符号库属性值进行设置。

（5）PID 调节模块　PID 调节模块是自动控制中常用的调节模块，它由比例、积分和微分 3 个环节并联构成，其数学表达式为

$$u_o = k_p \left(u_i + \frac{1}{T_i} \int u_i \mathrm{d}t + T_d \frac{\mathrm{d}u_i}{\mathrm{d}t} \right) \tag{6-26}$$

根据式（6-26），得到 PID 调节模块的一种模拟实现方法，如图 6-6 所示。其中，u_i 是 PID 调节模块的输入电压，u_o 是 PID 调节模块的输出电压。nc$^+$和 nc$^-$分别是输入电压的正极和负极，n$^+$和 n$^-$表示受控电压源的电流从 n$^+$端口流出，从 n$^-$端口流入。图 6-6 只是 PID 调节模块的一种简单的实现，通过设置图 6-6 中的电阻值、电感值和电容值为合适的数值，实现式（6-26）所示的输出电压值。

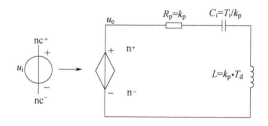

图 6-6　PID 调节模块行为模型图

实际建模中，为了提高仿真模型的收敛性，需要在电感 L 两端并联一个阻值较大的电阻。同时，为了避免电容积分器积分值过大导致调节时间过长，需要对电容电压进行限幅。PID 调节模块的 Spice 实现代码如下：

```
.subckt pid IN OUT GND
Gin   GND 1 IN GND 1
 *Gin   1 GND IN GND 1
Rp 1 2 {Kp}
Ci 2 3 {Ti/Kp} ic=0
Bhigh 22 GND V= if(V(1)>={limit}, 1, 0) ;if up saturate
Rhigh 22 GND 1
Blow 23 GND V= if(V(1)<= 1e-3, 1, 0) ;if down saturate
Rlow 23 GND 1
Shigh 2 21 22 GND myswitch1
.model myswitch1 VSWITCH Roff=1e6 Ron = 1e-3 Voff=0 Von = 1
Vhigh 21 3 {limit}
Slow 2 24 23 GND myswitch1
Vlow 24 3 1e-3
Ld 3 GND {Kp * Td} Cpar=0
Rdummy 1 GND 1E30
Rout OUT GND 1
.ends
```

上述 PID 调节模块代码中，当 PID 调节模块输出超过上限后，则通过闭合压控开关 Shigh 将电容电压钳位在上限电压 Vhigh；当 PID 调节模块输出超过下限后，则通过闭合压控开关 Slow 将电容电压钳位在下限电压 Vlow，从而避免电容过分积分导致 PID 调节模块调节时间的延长。

（6）死区时间可调节的 PFM 模块　因为 LLC 变换器输出电压大部分是通过开关频率进行调节的，因此需要实现 PFM 模块，需要考虑死区时间的方便调节。实现死区时间可调节的 PFM 模块的方法有很多种，这里介绍其中的两种。

1）第一种死区时间可调节的 PFM 模块。实现 PFM 模块的第一步是生成三角载波信号，式（6-27）所示是一种利用 Spice 内置仿真时间变量 time，借助四舍五入取整函数 round( ) 和求绝对值函数 abs( ) 生成频率为 F_s 的三角载波的方法：

$$\text{abs}(\text{Time}-\text{round}(\text{Time} \cdot F_s)/F_s) \cdot \text{Range} \cdot F_s$$
$$= \begin{cases} \Delta t F_s \cdot \text{Range}(\Delta T \leq T_s/2) \\ (T-\Delta t) F_s \cdot \text{Range}(\Delta T > T_s/2) \end{cases} \tag{6-27}$$

式中，Range 变量用于生成三角载波的峰值。当 PFM 模块需要加入死区功能，即 PFM 输出的互补 PWM 信号中包含死区时间时，需要对式（6-27）进行调整。图 6-7 所示是两路带死区时间 t_{dt} 的互补 PWM 信号波形，从图中可以看出，一个载波周期中包含两个死区间隔。

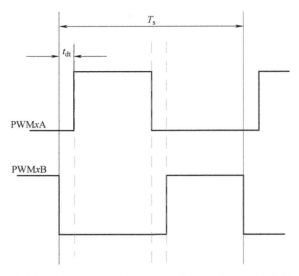

图 6-7　含死区时间的 PFM 模块输出的两路 PWM 信号

假设 PFM 模块的载波频率通过输入电压 V_{in} 进行控制，且 1V 电压对应的输出频率是 1MHz，则 $T_s = 1e\text{-}6/V_{in}$。包含死区时间的 PFM 模块输出的 PWM 信号周期 T 计算公式为

$$T = \frac{1e-6}{V_{in}} + 2t_{dt} \qquad (6\text{-}28)$$

PFM 模块输出的两路互补 PWM 信号通过三角载波和调制波进行比较生成，如图 6-8 所示。为了生成含死区时间的 PFM 模块，需要同时调整生成 PWM 信号的三角载波周期和调制波的幅值。

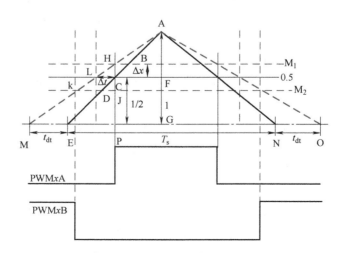

图 6-8　含死区时间的 PFM 模块生成两路互补 PWM 信号原理

其中三角载波的周期由式（6-28）给出，三角波的生成方法参阅式（6-27）。根据

图 6-8 所示的几何关系，可以得到为了生成含死区时间 t_{dt} 的 PWM 信号，图 6-8 所示的时间间隔 $\Delta t = t_{dt}/2$。根据三角形 HLC 和三角形 HMP 相似，得

$$\frac{\Delta t}{t_{dt}+T_s/4}=\frac{\Delta x}{\Delta x+1/2} \tag{6-29}$$

根据式（6-29），可得到生成其中一路 PWM 信号 PWMxA 的调制信号 M_1 的计算公式为

$$M_1=\Delta x+0.5=\frac{4t_{dt}+T_s}{2(2t_{dt}+T_s)} \tag{6-30}$$

根据对称性，生成另一路互补 PWM 信号 PWMxB 的调制信号 M_2 的计算公式为

$$M_2=0.5-\Delta x=\frac{T_s}{2(2t_{dt}+T_s)} \tag{6-31}$$

上述 PFM 模块，在控制输出频率的输入电压恒定的时候，输出的 PWM 信号的频率和输入电压决定的频率一致。然而，在控制输出频率的输入电压发生动态变化的过程中，输出的 PWM 信号频率却和预期的频率偏差很大，而且这个偏差会随着仿真时间的延长而增大。造成这个问题的原因来自三角载波生成公式［式（6-27）］，假设在 t_1 时刻，系统仿真时间 time 正好等于 PWM 信号周期 T_s 的整数倍，即 time $=NT_s$；在下一个调制周期，仿真时间 time $=NT_s+\Delta t$，当 PWM 信号的频率变化到 F_s' 时，根据 round( ) 函数计算的周期数为

$$\text{round}(Time * F_s')=\text{round}\left[(NT_s+\Delta t)F_s'\right] \tag{6-32}$$

从式（6-32）可以看出，由于此时 T_s 和 F_s' 的乘积不再等于 1，当数值 N 很大时，即使调制频率 F_s' 只发生了很小的偏移，但是生成的三角载波频率却提高很多。而且随着仿真时间的延长，这种影响越严重。因此，虽然这种生成 PWM 信号的方法广泛使用，但是却不适合动态仿真。

2）第二种死区时间可调节的 PFM 模块。和第一种方法一样，实现第二种含死区时间的 PFM 模块的第一步是生成输出频率可调节的载波信号。不过这里生成的载波信号不再是三角波信号，而是如图 6-9 所示的正弦信号。

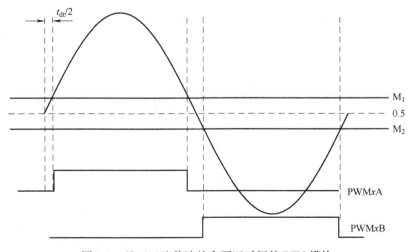

图 6-9　基于正弦载波的含死区时间的 PFM 模块

其中，正弦载波的频率通过输入电压进行控制。这里不能直接用压控频率和仿真时间的乘积计算三角载波的相角，否则也会导致控制频率的输入电压动态变化过程中PFM输出频率发生剧烈变化。可以通过容值等于 $1\mu F$ 的电容对输入电压控制的电流源积分来计算正弦电压的相角。

为了保证死区时间，调制信号 M_1 和 M_2 的计算公式为

$$\begin{cases} M_1 = \sin\left(2\pi f \dfrac{t_{dt}}{2}\right) \\ M_2 = -\sin\left(2\pi f \dfrac{t_{dt}}{2}\right) \end{cases} \tag{6-33}$$

根据以上分析，得到第二种含死区时间的 PFM 模块的 Spice 实现代码如下：

```
.subckt vco_pfm_V2 OUTH1 OUTL1 OUTH2 OUTL2 IN
B1 GND 1 I=   V(In)* 1e6/(1+V(In)* 1e6* 2* {tdt}) * 2* pi
R1 1 GND 1
G1 GND 2 1 GND 1
C1 2 GND 1 ic=0
B2 3 GND V=sin(v(2))
B3 OUTH1 OUTL1 V=if( V(3)>sin(2* pi* v(IN)* 1e6* {tdt}/2),1,0)
B4 OUTH2 OUTL2 V=if( V(3)<-sin(2* pi* v(IN)* 1e6* {tdt}/2),1,0)
.ends
```

以上代码中，输入电压 1V 对应的开关频率是 1MHz。采用 ic = 0 语句将电容 C_1 初始电压设置为 0V，即将正弦载波的初始相角设置为 0°。同时，在生成的载波信号周期中加上了 2 倍的死区时间。

6.2.2 基于仿真模型的主功率回路设计

LLC 变换器中变压器前级器件工作在硬关断状态，由于 GaN 器件关断速度比较快，在主功率回路杂散电感比较大的条件下，GaN 器件硬关断时漏源电压过冲比较严重，而且还带来了严重的振荡。通过加入吸收电容的方法固然可以抑制硬关断时关断过冲，但是在高功率密度的 LLC 谐振变换器中，吸收电路的加入不仅占据了 PCB 空间，而且也带来了额外的谐振和损耗。所以最好的方法就是通过优化布局布线将主功率回路杂散电感控制在一个合理的水平来抑制关断电压过冲和振荡。

然而，在实验样机没有完成之前，在某一最大关断过压的限制下，无法准确地预估主功率回路电感 L_{ds} 的最大值应该控制到多少，依据工程经验来设置往往会增大迭代设计的周期和成本。借助本小节建立的 LLC 仿真模型，可以在主功率回路设计之前提前在最大关断应力限制下仿真确定主功率回路电感的上限 $L_{ds(max)}$。在主功率回路设计完成后，通过 Ansys Q3D 提取主功率回路的杂散电感，判断提取的电感值是否小于仿真确定的最大上限，决定主功率回路布局布线是否需要进一步优化，直到将主功率回路杂散电感控制在小于最大上限为止。这种基于仿真模型的 LLC 变换器主功率回路选

代设计方法如图 6-10 所示。

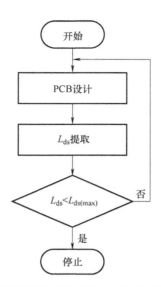

图 6-10　基于仿真模型的 LLC 变换器主功率回路迭代设计方法

基于仿真模型得到的 LLC 变换器在最大输入电压和满载工作条件下器件硬关断时的漏源电压过冲峰值随主功率回路杂散电感的变化关系如图 6-11 所示。

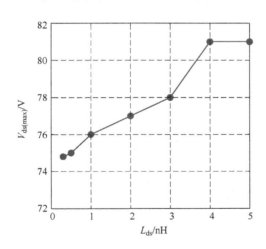

图 6-11　基于仿真模型得到的器件硬关断时漏源电压过冲峰值
随主功率回路杂散电感的变化关系

从图 6-11 中可以看出，LLC 变换器硬关断电压随主功率回路杂散电感增大而增大。在选用 100V 耐压的功率器件且留取 20%耐压裕量时，主功率回路杂散电感需要控制在 3nH 以下。由于 LLC 变换器硬关断时的关断电流较小，所以随着主功率回路杂散电感的增大，漏源电压关断时的过冲并不是特别严重。本小节提出的基于仿真模型确定主功率回路最大杂散电感的设计方法不仅适用于指导 LLC 变换器的主功率回路设计，也适用于指导其他功率变换器的主功率回路设计。

6.2.3　仿真模型仿真结果正确性验证

图 6-12 所示是用于实验验证 LLC 变换器谐振参数优化设计方法正确性和基于仿真模型的变换器主功率回路设计方法的正确性的实验样机。而图 6-13a、b 分别是图 6-12 所示样机电源主功率回路布局布线的俯视图和截面图。

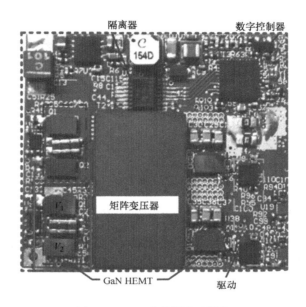

图 6-12　LLC 变换器实验样机

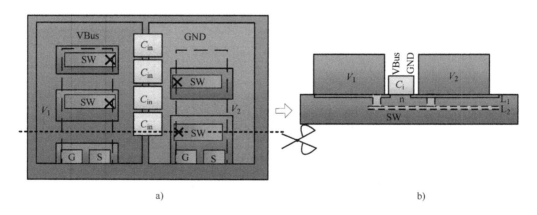

图 6-13　LLC 样机电源主功率回路布局布线示意图

a）俯视图　b）截面图

图 6-13 中，通过优化直流母线电容和功率器件的布局布线，尽量增大主功率回路中不同电流方向的电流路径的重叠面积以通过主功率线路自感和互感的抵消实现主功率回路杂散电感的最小化。通过 Ansys Q3D 提取得到图 6-13 所示的主功率回路杂散电感为 0.3nH，远小于前文给出的设计上限。

图 6-14 所示是当 $V_{in} = 72V$ 时，仿真和实验测量得到的 LLC 变换器满载工作时的主要开关波形对比。

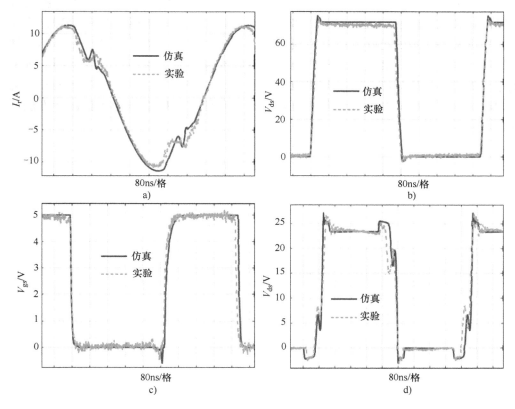

图 6-14　$V_{in} = 72V$ 且满载工作条件下仿真和实验得到的波形对比

a）谐振电流波形　b）变压器前级器件门极驱动电压波形
c）变压器前级器件的漏源电压波形　d）变压器后级器件的漏源电压波形

从图 6-14 中可以看出，基于 LLC 变换器仿真模型仿真得到的变换器关键工作电压和电流动态波形与实验测量结果高度吻合，证明了 LLC 变换器仿真模型能够比较准确地仿真 LLC 变换器的稳态工作特性，同时也再次证明了第 2 章提出的 GaN 器件建模方法的正确性。基于仿真模型的 LLC 变换器设计方法能够验证谐振参数设计的正确性，指导变换器主功率回路设计，对于缩短变换器开发周期和成本具有积极的意义。

6.3　LLC 平面磁集成矩阵变压器优化设计

LLC 变换器经常应用于低输出电压、大输出电流的场合，这时候流过 LLC 变换器后级同步整流管的电流较大，往往需要采用多个功率器件并联的方法以弥补单个器件通流能力的不足，同时减小同步整流管的导通损耗。然而器件并联存在不均流问题，同时会导致电路板上局部过热。为了解决这一问题，很多文献采用图 6-15 所示的输入侧绕组串联、输出侧绕组并联的矩阵变压器。由于输入侧绕组串联，矩阵变压器能够实现自动均流；同时矩阵变压器通过绕组的并联代替器件的直接并联，能够很好地解决器件直接并联存在的不均流和局部过热等问题。

然而，传统矩阵变压器大多采用分离磁心实现，产生的绕组损耗和磁心损耗较大，同时分离磁心的使用也限制了功率密度的提高。本节基于磁通抵消原理，将原来需要独立磁心实现的矩阵变压器集成到单个磁心中实现，进一步减小磁心体积和磁心损耗，并提出一种绕组损耗和磁心损耗计算模型，基于该损耗计算模型实现谐振频率点处磁心损耗与磁心所占 PCB 面积的折中优化设计。最后，通过谐振频率为1.5MHz、功率为 400W 的实验样机验证所提平面磁集成矩阵变压器优化设计方法的正确性和有效性。

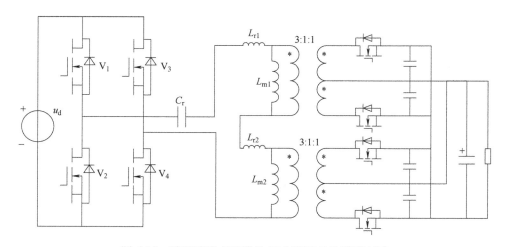

图 6-15　采用矩阵变压器的 LLC 谐振变换器原理图

根据 6.1 节谐振参数优化设计方法，可以得到工作在谐振频率点处 LLC 变换器的励磁电流峰值 I_m、谐振电流有效值 I_{pri}、中心抽头变压器中每一路同步整流回路的电流有效值 I_{sec} 和励磁磁链峰值 Ψ_m，具体见表 6-1。

表 6-1　谐振频率点处的部分关键电气参数

电气参数	单位	参数值
励磁电流峰值 I_m	A	8.3
谐振电流有效值 I_{pri}	A	8.2
同步整流回路的电流有效值 I_{sec}	A	13.5
励磁磁链峰值 Ψ_m	μV·S	12.8

参考文献 [145-146] 采用图 6-16a 所示的两个分离磁心构成矩阵变压器以降低同步整流器件电流应力，但是两个分离磁心在变换器中占据的体积较大。将图 6-16a 所示的两个分离磁心分别旋转 90°，得到图 6-16b 所示的磁心结构。可以看到，由于两个分离磁心的绕组匝数相同，流过的电流也相等，所以图 6-16b 中的两个分离磁心相互靠近的两个磁柱中的磁通、磁链大小相等方向相反，可以相互抵消。所以，可以省去图 6-16b

中的中心磁柱，将两个分离磁心集成到一起形成图 6-16c 所示的单磁心结构，以进一步减小磁心体积和磁心损耗，提高变换器功率密度。

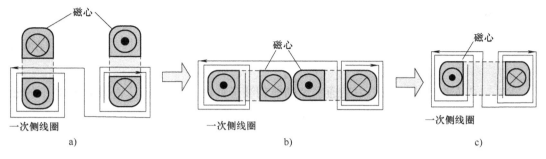

图 6-16　矩阵变压器的磁心结构

a）分离磁心结构　b）磁心方向旋转后的结构　c）集成单磁心结构

LLC 变换器工作在谐振频率点处的损耗较小，变换器的优化设计一般是在谐振频率点处进行的，所以本文也是在谐振频率点处展开变压器的优化设计的。在计算磁心损耗时，广泛采用式（6-34）所示的 Steinmetz 公式，该公式是正弦激励下用于拟合磁心损耗的经验公式。

$$P_{\mathrm{v}} = K f^{\alpha} \left(\frac{\Delta B}{2} \right)^{\beta} \qquad (6\text{-}34)$$

式中，P_{v} 是磁心损耗密度；K、α 和 β 是拟合系数；f 是开关频率；ΔB 是磁心中磁感应强度的峰峰值。对于本设计中采用的磁心，利用 Steinmetz 公式拟合的结果如图 6-17 所示，通过曲线拟合得到系数 $K = 0.0002$，$\alpha = 1.993$，$\beta = 3.5$。

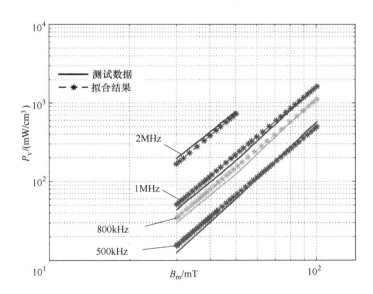

图 6-17　正弦激励下磁心损耗变化曲线及其拟合结果

上述 Steinmetz 计算公式适用于正弦激励下的磁心损耗计算，在非正弦激励下，采

97

用式（6-35）所示的改进 Steinmetz 公式更加准确[147]。

$$P_v = \frac{1}{T}\int_0^T k_i \left| \frac{dB(t)}{dt} \right|^\alpha \cdot (\Delta B)^{\beta-\alpha} dt \tag{6-35}$$

式中，参数 k_i 的计算公式为

$$k_i = \frac{K}{(2\pi)^{\alpha-1}\int_0^{2\pi} |\cos\theta|^\alpha \cdot 2^{\beta-\alpha} d\theta} \tag{6-36}$$

在 LLC 变换器中，磁心中磁通密度的典型波形如图 6-18 所示。根据图 6-18 中的磁通密度波形，式（6-35）可以化简为式（6-37）。

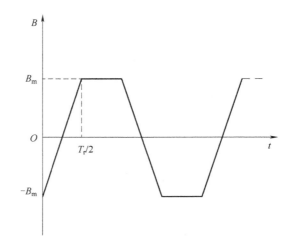

图 6-18　LLC 变换器磁心中的磁通密度典型波形

$$P_v = \frac{1}{T_{sw}} \cdot \frac{K(2B_m)^{\beta-\alpha}}{(2\pi)^{\alpha-1}\int_0^{2\pi} |\cos\theta|^\alpha \cdot 2^{\beta-\alpha} d\theta} \int_0^{T_{sw}} \left| \frac{dB(t)}{dt} \right|^\alpha dt$$

$$= \frac{1}{T_{sw}} \cdot \frac{K(2B_m)^{\beta-\alpha}}{(2\pi)^{\alpha-1}\int_0^{2\pi} |\cos\theta|^\alpha \cdot 2^{\beta-\alpha} d\theta} \cdot \left(\frac{4B_m}{T_r} \right)^\alpha \cdot T_r$$

$$= \frac{2^{\alpha+1}}{\pi^{\alpha-1}\int_0^{2\pi} |\cos\theta|^\alpha d\theta} K f_{sw} f_r^{\alpha-1} B_m^\beta \tag{6-37}$$

其中参数 α 和 β 已在上文通过图 6-17 给出的损耗曲线拟合得到，代入式（6-37）并采用数值积分可得

$$P_v = 0.814 K f_{sw} f_r^{\alpha-1} B_m^\beta \tag{6-38}$$

为了减小磁心损耗，将谐振频率点变压器磁心损耗设置为 1000mW/cm³，根据谐振频率和死区时间，可以得到工作在谐振频率点处的开关频率 $f_{sw}=1.4$MHz，代入式（6-38），得到此时的磁感应强度最大值 B_m 为 71mT。在谐振频率点，励磁磁链峰值 Ψ_m 与磁感应强度峰值 B_m、变压器匝数 N 和磁通有效面积 A_e 之间的关系为

$$\psi_m = NA_e B_m \tag{6-39}$$

根据表 6-1 给出的励磁磁链峰值和式（6-39），可以计算出磁通有效面积 A_e = 30mm^2。

6.3.1 矩阵变压器绕组设计方法与实现

变压器绕组中 PCB 线圈的分布决定了线圈中磁动势的分布，进而决定了变压器漏感的大小、线圈涡流效应强弱和绕组交流损耗的大小。所以这里采用图 6-19a 所示的一次侧、二次侧绕组交错放置的绕组结构，以尽量减小绕组间磁动势，从而尽量减小漏感、涡流效应和涡流损耗。其中前级有 6 匝线圈串联，而且均分在两个磁柱；每一个磁柱上有 3 套并联的单匝中心抽头后级绕组，其中同一中心抽头的两个后级绕组分别放置在一次侧绕组所在 PCB 层的上、下层。为了进一步减小后级绕组引线造成的漏感和交流损耗，并减小线圈占用的 PCB 空间以提高功率密度，本文将同步整流管和滤波电容直接放置在后级绕组上，如图 6-19b 所示。

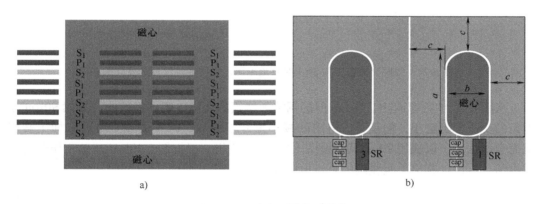

图 6-19 矩阵变压器绕组结构

a）截面图 b）俯视图

由参考文献［148］可知，图 6-19 所示的交错放置的绕组结构中，其第 m 层 PCB 线圈的交流电阻 R_{ac} 和直流电阻 R_{dc} 的比值 M_R 为

$$M_R = \frac{R_{ac,m}}{R_{dc,m}} = \frac{\xi}{2} \left[\frac{\sinh\xi + \sin\xi}{\cosh\xi - \cos\xi} + (2m-1)^2 \frac{\sinh\xi - \sin\xi}{\cosh\xi + \cos\xi} \right] \qquad (6\text{-}40)$$

式中，ξ 是 PCB 绕组厚度 h 与绕组中电流趋肤深度 δ 的比值，在 f_{sw} = 1.4MHz 下，可以计算出铜导线的趋肤深度为 57μm；式中参数 m 的计算公式为

$$m = \frac{F(h)}{F(h) - F(0)} \qquad (6\text{-}41)$$

式中，$F(h)$ 和 $F(0)$ 是当前绕组所在 PCB 层上下边界上的磁动势，对于图 6-19a 所示的前后级绕组交错放置的绕组结构，可以得到所有绕组的 m 值均等于 1。由于式（6-40）中分母中的直流电阻也随参数 ξ 的变化而变化，因此无法选择交流电阻最优值对应的参数 ξ，所以式（6-42）中给出交流电阻和 ξ 等于 1 时直流电阻比值，以选择合理的铜箔厚度。

$$M_{R|\xi=1} = \frac{R_{ac,m}}{R_{dc|\xi=1}} = \frac{1}{2} \left[\frac{\sinh\xi + \sin\xi}{\cosh\xi - \cos\xi} + (2m-1)^2 \frac{\sinh\xi - \sin\xi}{\cosh\xi + \cos\xi} \right] \qquad (6\text{-}42)$$

根据式（6-42）可以得到 $m=1$ 时 PCB 线圈交流电阻 R_{ac} 和 $\xi=1$ 时直流电阻 $R_{dc|\xi=1}$ 的比值随铜箔厚度 h 的变化曲线，如图 6-20 所示。

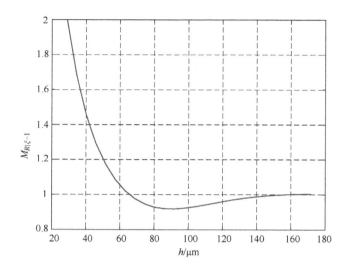

图 6-20 线圈交流电阻与 $\xi=1$ 时直流电阻之比随铜箔厚度的变化关系

从图 6-20 中可以看出，70μm 厚的铜箔下绕组的交流电阻已经较小。虽然 90μm 厚铜箔的交流电阻更小，但是交流电阻的减小量并不明显，PCB 的加工难度和加工费用反而会增加，所以选用 70μm 厚的铜箔作为 PCB 绕组。根据图 6-19b 所示的变压器绕组结构图，可以计算出单匝线圈的直流电阻为

$$R_{dc}=\frac{1}{\displaystyle\int_0^c\frac{h}{\rho(2a-2b+\pi b+2\pi x)}dx}=\frac{2\pi\rho}{h\ln\dfrac{2a-2b+\pi b+2\pi c}{2a-2b+\pi b}} \tag{6-43}$$

根据式（6-42）可以得到 70μm 厚的铜箔单匝绕组的交流电阻 R_{ac} 等于 M_R 和式（6-42）中 R_{dc} 的乘积。

6.3.2 变压器损耗计算及优化设计

根据上一小节给出的变压器绕组结构和交流电阻，可以得到绕组的总损耗 $P_{winding}$ 为

$$P_{winding}=6I_{pri}^2R_{ac}+\frac{4}{3}I_{sec}^2R_{ac} \tag{6-44}$$

式中，I_{pri} 和 I_{sec} 的意义和数值已经在表 6-1 中给出。根据图 6-19 所示的磁心结构，可以得到变压器磁心体积为

$$V_e=2A_eh_{PCB}+4h_{core}(a+c)(b+c) \tag{6-45}$$

式中，h_{PCB} 是 PCB 的厚度；h_{core} 是图 6-19b 阴影部分所示磁心上表面的厚度，其计算公式为

$$h_{core}=\frac{A_e}{(a+c)} \tag{6-46}$$

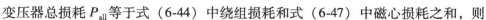

根据式（6-45）给出的变压器磁心体积，可以计算出变压器磁心损耗为

$$P_{core} = P_v V_e \qquad (6-47)$$

变压器总损耗 P_{all} 等于式（6-44）中绕组损耗和式（6-47）中磁心损耗之和，则

$$P_{all} = P_{wingding} + P_{core} \qquad (6-48)$$

根据图 6-19b 可以知道，磁心上下表面在 PCB 上占用的尺寸 S_f 为

$$S_f = 2(a+2c)(b+2c) \qquad (6-49)$$

根据图 6-19b 所示的磁心结构，可以得出，磁通有效面积 A_e 和磁心尺寸参数 a 和 b 之间的关系为

$$A_e = ab + (\pi/4 - 1)b^2 \qquad (6-50)$$

根据式（6-50）和式（6-48），可以得到变压器总损耗随变压器尺寸参数 b 和 c 变化的等值线，如图 6-21 所示。

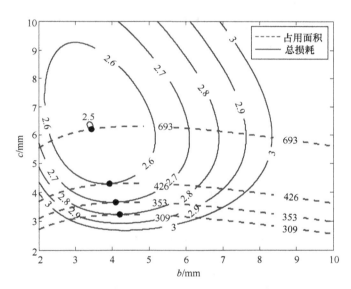

图 6-21　变压器总损耗随变压器尺寸参数变化的等值线

图 6-21 中，同一损耗等值线对应有很多种变压器尺寸结构，为了实现同一损耗下变压器占据的 PCB 面积最小，可以根据式（6-49）计算出同一损耗等值线上的点对应的尺寸所决定的 PCB 面积，从中选择占用 PCB 面积最小的一组变压器尺寸参数，从而实现在保证变压器总损耗不变的条件下，最小化变压器占用的 PCB 面积。图 6-21 中虚线所示是由式（6-49）决定的不同尺寸下变压器占用的 PCB 面积的等值线，图中占用面积等值线与变压器总损耗等值线的下切点对应的变压器尺寸就是该变压器总损耗下的最优设计尺寸。

从图 6-21 中可以看出，变压器总损耗随着变压器占据 PCB 面积的减小而增大，所以需要在变压器总损耗和变压器占用的 PCB 面积之间进行折中选择。综合变换器设计尺寸和变换器损耗分解，这里选择变压器总损耗为 2.7W，从图 6-21 中可以读出 2.7W 总损耗等值线和 PCB 占用面积等值线切点处的尺寸参数 $b = 4mm$，$c = 3.6mm$。

6.3.3 励磁电感和漏感设计

根据上文设计的一次侧线圈匝数 N、磁通有效截面积 A_e 和励磁电感 L_m，由磁路原理可以得到变压器气隙长度 Δg 的计算公式为

$$\Delta g = \frac{\mu_o N^2 A_e}{2L_m}$$ (6-51)

式中，μ_o 是空气中磁导率，通过 Ansys 有限元仿真得到矩阵变压器漏感 L_{lk} 等于 56nH。变压器漏感小于谐振电感，所以需要外接 $0.1\mu H$ 的电感作为谐振电感。

6.3.4 矩阵变压器实验验证

为了验证以上提出的矩阵变压器优化设计方法的有效性，设计了一款基于 GaN 器件的 LLC 变换器，其输入电压变化范围为 36～72V，输出电压为 12V，满载功率为 400W，体积为标准 1/8 砖。本小节设计的变换器是一个两级变换器，LLC 变换器作为前级实现隔离并稳压输出 12V 电压，四相同步整流变换器位于后级，实现 12V 到 1V 的变换，变换器实物图如图 6-22 所示。

图 6-22　变换器实物图

图 6-23 所示是在 72V 输入电压、1.5MHz 谐振频率下，测量得到的 LLC 样机电源满载工作时变压器前级 GaN 器件漏源电压和谐振电流波形。

从图 6-23 中可以看出，变压器一次侧 H 桥器件的漏源电压在导通初期的压降等于 $-2.4V$，这是由于 GaN 器件反向导通压降较大的缘故，同时该反向电压也说明变换器前级 H 桥中的 GaN 器件实现了 ZVS。同时，从图中还可以看出励磁电流峰值等于 7.4A，代入式（6-52）可以计算出励磁电感等于 $1.65\mu H$，相对于设计值的偏差在 10% 以内，验证了励磁电感设计的正确性。

$$L_m = \frac{NV_o}{8\pi I_m \sqrt{L_r C_r}}$$ (6-52)

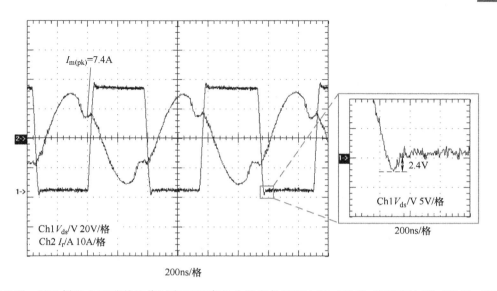

图 6-23 LLC 样机电源满载工作时变压器前级 GaN 器件漏源电压（Ch1）和谐振电流（Ch2）波形

图 6-24 所示是在 72V 输入电压和谐振频率点下，满载工作时测量到的变压器后级同步整流器件的漏源电压波形和输出电压波形。

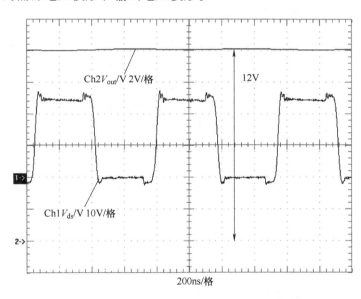

图 6-24 变压器后级同步整流器件的漏源电压（Ch1）和输出电压（Ch2）波形

从图 6-24 中可以看出，同步整流器件关断时基本不存在电压过冲和振荡。同时可以看出在该输入电压和谐振频率下，输出电压等于 12V，LLC 谐振网络的增益等于 1，所以此时变换器工作在谐振频率点，验证了谐振电感设计的正确性。

实验测量变换器在满载时的效率等于 96.2%，满载工作时的损耗分解如图 6-25 所示。根据满载时的损耗分解可以得到变压器的总损耗等于 3.1W，相对于理论设计值 2.7W 的偏差在 15% 以内，验证了变压器损耗计算模型的正确性。

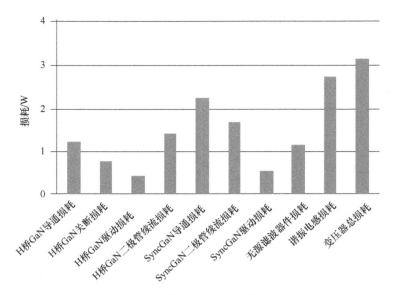

图 6-25　LLC 变换器满载工作下的损耗分解

6.4　LLC 变换器小信号模型

LLC 变换器是一种通过脉频调制调节输出电压的变换器，调制频率与开关频率相同，因此无法采用开关信号平均方法建立其小信号模型。在设计 LLC 变换器时，经常采用基波近似方法设计 LLC 变换器谐振参数以满足增益范围要求，采用扩展描述函数（Extended Description Function，EDF）法建立 LLC 变换器的小信号模型，进而指导 LLC 变换器控制器的设计。其中，EDF 法大致分为基于基尔霍夫电压和电流定律的非线性电路方程的建模、状态变量的直流分量和基波分量近似、非线性状态变量的 EDF 表达、基于谐波平衡法建立大信号模型、稳态工作点计算、稳态工作点处小信号扰动这 6 个部分。此外，为了提高小信号模型的准确性，基于 EDF 法推导变换器的小信号模型还需要考虑输出负载的特性。

6.4.1　带电阻负载的半桥 LLC 变换器小信号模型

带电阻负载的半桥 LLC 变换器的电路原理图如图 6-26 所示，其中 V_{ab} 是半桥中点近似方波电压，方波电压的峰值等于直流侧电压 V_{in}。L_r 和 C_r 分别是谐振电感和谐振电容，r_s 是谐振回路寄生电阻，L_m 是隔离变压器励磁电感，变压器电压比为 $n:1:1$。V_1 和 V_2 是变压器前级 GaN HEMT 器件，VD_1 和 VD_2 是变压器后级整流二极管。C_o 和 r_c 分别是输出滤波电容和其寄生电阻，R_o 是输出电阻，P_o 和 V_o 分别是输出功率和输出电压。图 6-26 中，i_r 和 i_s 分别是谐振电流和整流电流，i_m 和 i_p 分别是变压器一次侧绕组的励磁电流和负载电流。如前文所述，根据传统 EDF 法建立半桥 LLC 变换器小信号模型的第一步就是建立系统的非线性电路模型。

1. 非线性电路方程的建模

根据基尔霍夫电压定律和基尔霍夫电流定律，建立图 6-26 所示电路原理图的非线

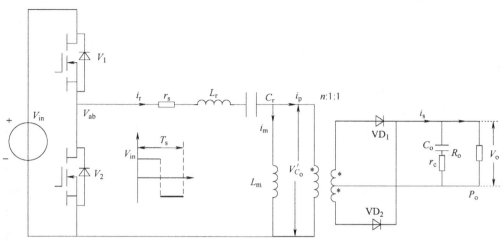

图 6-26　带电阻负载的半桥 LLC 变换器电路原理图

性电路模型，则有

$$v_{ab} = L_r \frac{\mathrm{d}i_r}{\mathrm{d}t} + i_r r_s + v_{C_r} + \mathrm{sgn}(i_p) v_{C_o}' \tag{6-53}$$

其中 $\mathrm{sgn}()$ 是符号函数，其定义表达式为

$$\mathrm{sgn}(i_p) = \begin{cases} -1 & (i_p < 0) \\ +1 & (i_p \geqslant 0) \end{cases}$$

$$i_r = C_r \frac{\mathrm{d}v_{C_r}}{\mathrm{d}t} \tag{6-54}$$

假设输出电压折算到变压器一次侧电压为 V_{C_o}'，则满足

$$L_m \frac{\mathrm{d}i_m}{\mathrm{d}t} = \mathrm{sgn}(i_p) v_{C_o}' \tag{6-55}$$

整流电流 i_s 和输出滤波电容 C_o 两端电压 v_{C_o} 之间的关系为

$$i_s = \left(1 + \frac{r_c}{R_o}\right) C_o \frac{\mathrm{d}v_{C_o}}{\mathrm{d}t} + \frac{v_{C_o}}{R_o} \tag{6-56}$$

根据式（6-56）可得

$$v_o = r_c' i_s + \frac{r_c'}{r_c} v_{C_o} \tag{6-57}$$

式中，$r_c' = r_c /\!/ R_o$。

2. 状态变量的直流分量和基波分量近似

在第二步，状态变量用各自的直流分量和基波正余弦分量表示，谐振电流 i_r、励磁电流 i_m 和谐振电容电压 v_{C_r} 分别为

$$i_r(t) = i_{rs}(t) \sin\omega_s t - i_{rc}(t) \cos\omega_s t \tag{6-58}$$

式中，ω_s 是开关频率；i_{rs} 和 i_{rc} 分别是谐振电流 i_r 基波正弦和余弦分量的幅值。

$$i_m(t) = i_{ms}(t) \sin\omega_s t - i_{mc}(t) \cos\omega_s t \tag{6-59}$$

式中，i_{ms} 和 i_{mc} 分别是励磁电流 i_{m} 基波正弦和余弦分量的幅值。

$$v_{C_{\mathrm{r}}}(t) = V_{\mathrm{in}}/2 + v_{\mathrm{cs}}(t)\sin\omega_{\mathrm{s}}t - v_{\mathrm{cc}}(t)\cos\omega_{\mathrm{s}}t \tag{6-60}$$

式中，$V_{\mathrm{in}}/2$ 是谐振电容电压中的直流分量；v_{cs} 和 v_{cc} 分别是谐振电容电压 $v_{C_{\mathrm{r}}}$ 中基波正弦和余弦分量的幅值。

3. 非线性状态变量的 EDF 表达

在第三步中，非线性变量将用各自的直流分量和基波正余弦分量来表示。式（6-53）~式（6-57）中的非线性项 $\mathrm{sgn}(i_{\mathrm{p}})v'_{C_{\mathrm{o}}}$、$v_{\mathrm{ab}}$ 和整流电流 i_{s} 可以用各自的直流分量和基波正余弦分量表达为

$$v_{\mathrm{ab}} = V_{\mathrm{in}}/2 + f_1(d, V_{\mathrm{in}})\sin(\omega_{\mathrm{s}}t) \tag{6-61}$$

$$\mathrm{sgn}(i_{\mathrm{p}})v'_{C_{\mathrm{o}}} = f_2(i_{\mathrm{ps}}, i_{\mathrm{pp}}, v'_{C_{\mathrm{o}}})\sin\omega_{\mathrm{s}}t - f_3(i_{\mathrm{pc}}, i_{\mathrm{pp}}, v'_{C_{\mathrm{o}}})\cos\omega_{\mathrm{s}}t \tag{6-62}$$

$$i_{\mathrm{s}} = f_4(i_{\mathrm{ss}}, i_{\mathrm{sc}}) \tag{6-63}$$

在式（6-61）中，基波分量幅值 $f_1(d, V_{\mathrm{in}})$ 可以通过对半桥中点电压进行傅里叶展开得到，即

$$f_1(d, V_{\mathrm{in}}) = \frac{2V_{\mathrm{in}}}{\pi}\sin\left(\frac{\pi}{2}d\right) = v_{\mathrm{is}} \tag{6-64}$$

式中，d 是半个开关周期中的占空比；v_{is} 是谐振网络输入电压的基波正弦分量。变压器一次侧电压是不含直流分量的方波，其一阶谐波和变压器一次侧的工作电流同相。采用 EDF 法，变压器一次侧电压的正弦和余弦分量幅值分别为

$$f_2(i_{\mathrm{ps}}, i_{\mathrm{pp}}, v'_{C_{\mathrm{o}}}) = \frac{4}{\pi}\frac{i_{\mathrm{ps}}}{i_{\mathrm{pp}}}v'_{C_{\mathrm{o}}} = \frac{4n}{\pi}\frac{i_{\mathrm{ps}}}{i_{\mathrm{pp}}}v_{C_{\mathrm{o}}} = v_{\mathrm{ps}} \tag{6-65}$$

$$f_3(i_{\mathrm{pc}}, i_{\mathrm{pp}}, v'_{C_{\mathrm{o}}}) = \frac{4}{\pi}\frac{i_{\mathrm{pc}}}{i_{\mathrm{pp}}}v'_{C_{\mathrm{o}}} = \frac{4n}{\pi}\frac{i_{\mathrm{pc}}}{i_{\mathrm{pp}}}v_{C_{\mathrm{o}}} = v_{\mathrm{pc}} \tag{6-66}$$

式中，i_{ps} 和 i_{pc} 分别是变压器一次侧绕组中工作电流的基波正弦和余弦幅值，i_{pp} 是变压器一次侧工作电流基波有效值，其计算公式为

$$i_{\mathrm{pp}} = \sqrt{i_{\mathrm{ps}}^2 + i_{\mathrm{pc}}^2} \tag{6-67}$$

后级整流电流的基波分量为零，其直流分量表达式为

$$i_{\mathrm{s}} = f_4(i_{\mathrm{ss}}, i_{\mathrm{sc}}) = \sqrt{i_{\mathrm{ss}}^2 + i_{\mathrm{sc}}^2} = \frac{2n}{\pi}i_{\mathrm{pp}} \tag{6-68}$$

4. 基于谐波平衡法建立大信号模型

在第四步中，将第二步和第三步中的状态变量和非线性变量的直流和各自基波分量代入系统的非线性电路方程中，并采用谐波平衡法，可以推导出 LLC 半桥电路的大信号模型。

将式（6-58）~式（6-68）代入式（6-53）~式（6-57）中，并令对应的直流分量、正弦分量和余弦分量相等，得到

$$v_{\mathrm{is}} = L_{\mathrm{r}}\left(\frac{\mathrm{d}i_{\mathrm{rs}}}{\mathrm{d}t} + \omega_{\mathrm{s}}i_{\mathrm{rc}}\right) + r_{\mathrm{s}}i_{\mathrm{rs}} + v_{\mathrm{cs}} + v_{\mathrm{ps}} \tag{6-69}$$

$$0 = L_{\mathrm{r}}\left(\frac{\mathrm{d}i_{\mathrm{rc}}}{\mathrm{d}t} - \omega_{\mathrm{s}}i_{\mathrm{rs}}\right) + r_{\mathrm{s}}i_{\mathrm{rc}} + v_{\mathrm{cc}} + v_{\mathrm{pc}} \tag{6-70}$$

$$i_{rs} = C_r\left(\frac{dv_{cs}}{dt} + \omega_s v_{cc}\right) \tag{6-71}$$

$$i_{rc} = C_r\left(\frac{dv_{cc}}{dt} - \omega_s v_{cs}\right) \tag{6-72}$$

$$v_{ps} = L_m\left(\frac{di_{ms}}{dt} + \omega_s i_{mc}\right) \tag{6-73}$$

$$v_{pc} = L_m\left(\frac{di_{mc}}{dt} - \omega_s i_{ms}\right) \tag{6-74}$$

$$\frac{2n}{\pi}i_{pp} = \left(1 + \frac{r_c}{R_o}\right)C_o\frac{dv_{C_o}}{dt} + \frac{v_{C_o}}{R_o} \tag{6-75}$$

$$v_o = r_c'\frac{2n}{\pi}i_{pp} + \frac{r_c'}{r_c}v_{C_o} \tag{6-76}$$

5. 稳态工作点计算

取整流电压的基波分量，可以计算出基波等效电阻。将基波等效电阻折算到变压器一次侧，得到等效电阻 R_e 的计算公式为

$$R_e = \frac{8n^2}{\pi^2}R_o \tag{6-77}$$

令式（6-70）~式（6-76）中的微分项等于0，可以计算出系统的稳态工作点。将式（6-77）代入式（6-75），并令输出电容电压微分等于0，可得

$$V_{C_o}' = nV_{C_o} = \frac{\pi}{4}I_{pp}R_e \tag{6-78}$$

将式（6-78）代入式（6-73）和式（6-74），可得

$$\begin{cases}V_{ps} = I_{ps}R_e \\ V_{pc} = I_{pc}R_e\end{cases} \tag{6-79}$$

根据基尔霍夫电流定律，可得

$$\begin{cases}I_{ps} = I_{rs} - I_{ms} \\ I_{pc} = I_{rc} - I_{mc}\end{cases} \tag{6-80}$$

继续令式（6-70）~式（6-76）中的微分项等于0，则有

$$\begin{cases}\frac{4V_{dc}}{\pi}\sin\left(\frac{\pi}{2}D\right) = L_r\Omega_s I_{rc} + r_s I_{rs} + V_{cs} + I_{ps}R_e \\ 0 = -L_r\Omega_s I_{rs} + r_s I_{rc} + V_{cc} + I_{pc}R_e\end{cases} \tag{6-81}$$

$$\begin{cases}I_{rs} = C_r\Omega_s V_{cc} \\ I_{rc} = -C_r\Omega_s V_{cs}\end{cases} \tag{6-82}$$

$$\begin{cases}V_{ps} = L_m\Omega_s I_{mc} \\ V_{pc} = -L_m\Omega_s I_{ms}\end{cases} \tag{6-83}$$

为了计算稳态工作点，将式（6-77）~式（6-83）写成矩阵的形式，即

$$\boldsymbol{E} \cdot \boldsymbol{X} = \boldsymbol{U} \tag{6-84}$$

式中，稳态变量 $\boldsymbol{X} = = [I_{rs}, I_{rc}, V_{cs}, V_{cc}, I_{ms}, I_{mc}]^T$，输入电压矢量 $\boldsymbol{U} = [V_{is}, 0, 0, 0, 0, 0, 0]^T$，

稀疏矩阵 E 为

$$E = \begin{bmatrix} r_s+R_e & L_r\Omega_s & 1 & 0 & -R_e & 0 \\ -L_r\Omega_s & r_s+R_e & 0 & 1 & 0 & -R_e \\ 1 & 0 & 0 & -C_r\Omega_s & 0 & 0 \\ 0 & 1 & C_r\Omega_s & 0 & 0 & 0 \\ R_e & 0 & 0 & 0 & -R_e & -L_m\Omega_s \\ 0 & R_e & 0 & 0 & L_m\Omega_s & -R_e \end{bmatrix} \tag{6-85}$$

根据式（6-84），通过矩阵求逆运算可以计算稳态工作点，即

$$X = E^{-1} \cdot U \tag{6-86}$$

6. 稳态工作点处小信号扰动

根据式（6-86）计算出稳态工作点后，为了进一步得到小信号模型，需要在稳态工作点附近做小信号扰动，则有

$$\begin{aligned}
i_{rs} &= I_{rs}+\hat{i}_{rs} & i_{rc} &= I_{rc}+\hat{i}_{rc} \\
v_{ps} &= V_{ps}+\hat{v}_{ps} & v_{pc} &= V_{pc}+\hat{v}_{pc} \\
v_{cs} &= V_{cs}+\hat{v}_{cs} & v_{cc} &= V_{cc}+\hat{v}_{cc} \\
i_{ms} &= I_{ms}+\hat{i}_{ms} & i_{mc} &= I_{mc}+\hat{i}_{mc} \\
v_{dc} &= V_{dc}+\hat{v}_{dc} & v_{C_o} &= V_{C_o}+\hat{v}_{C_o} \\
d &= D+\hat{d} & \omega_s &= \Omega_s+\omega_r\hat{\omega}_s/\omega_r = \Omega_s+\omega_r\hat{\omega}_{sN}
\end{aligned} \tag{6-87}$$

式中，ω_r 是由 L_r 和 C_r 决定的谐振频率；$\hat{\omega}_{sN}$ 是归一化的开关频率。

将式（6-87）代入式（6-69）~式（6-76），同时消去稳态工作点，并忽略二阶及以上的小信号乘积项，计算得到半桥 LLC 变换器的小信号模型如下：

$$\begin{cases}
\dfrac{\mathrm{d}\hat{i}_{rs}}{\mathrm{d}t} = -\dfrac{r_s+H_{i_{ps}}}{L_r}\hat{i}_{rs} - \dfrac{L_r\Omega_s+H_{i_{pc}}}{L_r}\hat{i}_{rc} + \dfrac{H_{i_{ps}}}{L_r}\hat{i}_{ms} + \dfrac{H_{i_{pc}}}{L_r}\hat{i}_{mc} - I_{rc}\omega_r\hat{\omega}_{sN} - \\[2mm]
\qquad \dfrac{\hat{v}_{cs}}{L_r} - \dfrac{H_{v_{ps}}}{L_r}\hat{v}_{C_o} + \dfrac{K_1}{L_r}\hat{v}_{dc} + \dfrac{K_2}{L_r}\hat{d} \\[4mm]
\dfrac{\mathrm{d}\hat{i}_{rc}}{\mathrm{d}t} = \dfrac{L_r\Omega_s-G_{i_{ps}}}{L_r}\hat{i}_{rs} - \dfrac{r_s+G_{i_{pc}}}{L_r}\hat{i}_{rc} + \dfrac{G_{i_{ps}}}{L_r}\hat{i}_{ms} + \dfrac{G_{i_{pc}}}{L_r}\hat{i}_{mc} + I_{rs}\omega_r\hat{\omega}_{sN} - \\[2mm]
\qquad \dfrac{\hat{v}_{cc}}{L_r} - \dfrac{G_{v_{pc}}}{L_r}\hat{v}_{C_o}
\end{cases} \tag{6-88}$$

$$\begin{cases}
\dfrac{\mathrm{d}\hat{v}_{cs}}{\mathrm{d}t} = -\Omega_s\hat{v}_{cc} - V_{cc}\omega_r\hat{\omega}_{sN} + \dfrac{\hat{i}_{rs}}{C_r} \\[3mm]
\dfrac{\mathrm{d}\hat{v}_{cc}}{\mathrm{d}t} = \Omega_s\hat{v}_{cs} + V_{cs}\omega_r\hat{\omega}_{sN} + \dfrac{\hat{i}_{rc}}{C_r}
\end{cases} \tag{6-89}$$

$$\begin{cases}
\dfrac{\mathrm{d}\hat{i}_{ms}}{\mathrm{d}t} = \dfrac{H_{i_{ps}}}{L_m}\hat{i}_{rs} + \dfrac{H_{i_{pc}}}{L_m}\hat{i}_{rc} - \dfrac{H_{i_{ps}}}{L_m}\hat{i}_{ms} - \dfrac{L_m\Omega_s+H_{i_{pc}}}{L_m}\hat{i}_{mc} + \dfrac{H_{v_{ps}}}{L_m}\hat{v}_{C_o} - I_{mc}\omega_r\hat{\omega}_{sN} \\[3mm]
\dfrac{\mathrm{d}\hat{i}_{mc}}{\mathrm{d}t} = \dfrac{G_{i_{ps}}}{L_m}\hat{i}_{rs} + \dfrac{G_{i_{pc}}}{L_m}\hat{i}_{rc} + \dfrac{L_m\Omega_s-G_{i_{ps}}}{L_m}\hat{i}_{ms} - \dfrac{G_{i_{pc}}}{L_m}\hat{i}_{mc} + \dfrac{G_{v_{pc}}}{L_m}\hat{v}_{C_o} + I_{ms}\omega_r\hat{\omega}_{sN}
\end{cases} \tag{6-90}$$

$$\begin{cases} \dfrac{\mathrm{d}\hat{v}_{C_o}}{\mathrm{d}t} = \dfrac{RK_{i_{ps}}}{(R+r_c)C_o}\hat{i}_{rs} + \dfrac{RK_{i_{pc}}}{(R+r_c)C_o}\hat{i}_{rc} - \dfrac{RK_{i_{ps}}}{(R+r_c)C_o}\hat{i}_{ms} - \dfrac{RK_{i_{pc}}}{(R+r_c)C_o}\hat{i}_{mc} - \dfrac{1}{(R+r_c)C_o}\hat{v}_{C_o} \\[3mm] \hat{v}_o = r_c'K_{i_{ps}}(\hat{i}_{rs}-\hat{i}_{ms}) + r_c'K_{i_{pc}}(\hat{i}_{rc}-\hat{i}_{mc}) + \dfrac{r_c'}{r_c}\hat{v}_{C_o} \end{cases} \tag{6-91}$$

式（6-88）～式（6-91）中，常数 $H_{i_{pc}}$，$H_{i_{ps}}$，$H_{v_{ps}}$，$G_{i_{pc}}$，$G_{i_{ps}}$，$H_{v_{ps}}$，$K_{i_{ps}}$，$K_{i_{pc}}$，K_1 和 K_2 的计算公式为

$$\begin{cases} H_{i_{ps}} = \dfrac{4n}{\pi}\dfrac{I_{pc}^2}{I_{pp}^3}V_{C_o}, H_{i_{pc}} = -\dfrac{4n}{\pi}\dfrac{I_{ps}I_{pc}}{I_{pp}^3}V_{C_o}, H_{v_{ps}} = \dfrac{4n}{\pi}\dfrac{I_{ps}}{I_{pp}}, \\[3mm] G_{i_{ps}} = -\dfrac{4n}{\pi}\dfrac{I_{ps}I_{pc}}{I_{pp}^3}V_{C_o}, G_{i_{pc}} = \dfrac{4n}{\pi}\dfrac{I_{ps}^2}{I_{pp}^3}V_{C_o}, H_{v_{ps}} = \dfrac{4n}{\pi}\dfrac{I_{pc}}{I_{pp}} \\[3mm] K_1 = \dfrac{4}{\pi}\sin\dfrac{D\pi}{2}, K_2 = 2V_{DC}\cos\dfrac{D\pi}{2} \\[3mm] K_{i_{ps}} = \dfrac{2n}{\pi}\dfrac{I_{ps}}{I_{pp}}, K_{i_{pc}} = \dfrac{2n}{\pi}\dfrac{I_{pc}}{I_{pp}} \end{cases} \tag{6-92}$$

根据式（6-88）～式（6-92），半桥 LLC 变换器的小信号模型可以表达成状态空间的形式，即

$$\begin{cases} \dot{\hat{x}} = A\hat{x} + Bu \\ y = C\hat{x} \end{cases} \tag{6-93}$$

式中，状态变量矢量 $\hat{x} = [\hat{i}_{rs}, \hat{i}_{rc}, \hat{v}_{cs}, \hat{v}_{cc}, \hat{i}_{ms}, \hat{i}_{mc}, \hat{v}_{C_o}]$，输入变量矢量 $u = [\hat{v}_{dc}, \hat{d}, \hat{\omega}_{sN}]$，输出变量 $y = \hat{v}_o$，系数矩阵 A、B 和 C 的计算公式分别为

$$A = \begin{bmatrix} -\dfrac{r_s+H_{i_{ps}}}{L_r} & -\dfrac{L_r\Omega_s+H_{i_{pc}}}{L_r} & -\dfrac{1}{L_r} & 0 & \dfrac{H_{i_{ps}}}{L_r} & \dfrac{H_{i_{pc}}}{L_r} & -\dfrac{H_{v_{ps}}}{L_r} \\[3mm] \dfrac{L_r\Omega_s-G_{i_{ps}}}{L_r} & -\dfrac{r_s+G_{i_{pc}}}{L_r} & 0 & -\dfrac{1}{L_r} & \dfrac{G_{i_{ps}}}{L_r} & \dfrac{G_{i_{pc}}}{L_r} & -\dfrac{G_{v_{pc}}}{L_r} \\[3mm] \dfrac{1}{C_r} & 0 & 0 & -\Omega_s & 0 & 0 & 0 \\[3mm] 0 & \dfrac{1}{C_r} & \Omega_s & 0 & 0 & 0 & 0 \\[3mm] \dfrac{H_{i_{ps}}}{L_m} & \dfrac{H_{i_{pc}}}{L_m} & 0 & 0 & -\dfrac{H_{i_{ps}}}{L_m} & -\dfrac{L_m\Omega_s+H_{i_{pc}}}{L_m} & \dfrac{H_{v_{ps}}}{L_m} \\[3mm] \dfrac{G_{i_{ps}}}{L_m} & \dfrac{G_{i_{pc}}}{L_m} & 0 & 0 & \dfrac{L_m\Omega_s-G_{i_{ps}}}{L_m} & -\dfrac{G_{i_{pc}}}{L_m} & \dfrac{G_{v_{pc}}}{L_m} \\[3mm] \dfrac{RK_{i_{ps}}}{(R+r_c)C_o} & \dfrac{RK_{i_{pc}}}{(R+r_c)C_o} & 0 & 0 & -\dfrac{RK_{i_{ps}}}{(R+r_c)C_o} & -\dfrac{RK_{i_{pc}}}{(R+r_c)C_o} & -\dfrac{1}{(R+r_c)C_o} \end{bmatrix}$$

$$\tag{6-94}$$

$$B = \begin{bmatrix} \dfrac{K_1}{L_r} & \dfrac{K_2}{L_r} & -I_{rc}\omega_r \\ 0 & 0 & I_{rs}\omega_r \\ 0 & 0 & -V_{cc}\omega_r \\ 0 & 0 & V_{cs}\omega_r \\ 0 & 0 & -I_{mc}\omega_r \\ 0 & 0 & I_{ms}\omega_r \\ 0 & 0 & 0 \end{bmatrix} \tag{6-95}$$

$$C = \begin{bmatrix} r_c' K_{i_{ps}} & r_c' K_{i_{pc}} & 0 & 0 & -r_c' K_{i_{ps}} & -r_c' K_{i_{pc}} & \dfrac{r_c'}{r_c} \end{bmatrix} \tag{6-96}$$

根据状态空间表达式［式（6-93）］，计算出半桥 LLC 变换器的小信号模型为

$$G(s) = C(sI - A)^{-1}B \tag{6-97}$$

式中，I 是单位矩阵。

6.4.2　带 LED 负载的半桥 LLC 变换器小信号模型

图 6-27 所示是带 LED 负载的半桥 LLC 变换器电路原理图，其中 i_{LED} 代表流过 LED 的输出电流。非线性负载 LED 采用其寄生电阻 r_d 和理想二极管的串联进行建模，其中理想二极管的门槛电压等于 V_{th}。由于是通过调节流过发光二极管 LED 的电流进行亮度调节，所以这里建立从输出电流 i_{LED} 到归一化开关频率 $\hat{f}_{sN}$ 之间的传递函数 $i_{LED}/\hat{f}_{sN}$。

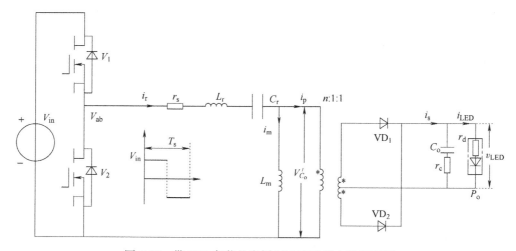

图 6-27　带 LED 负载的半桥 LLC 变换器电路原理图

建立带 LED 负载的半桥 LLC 变换器小信号模型的第一步仍然是建立系统的非线性电路模型，与图 6-26 中带电阻负载的半桥 LLC 变换器电路图相比，图 6-27 中的输出负载发生了变化。所以和带电阻负载的非线性电路模型对比，带 LED 负载的半桥 LLC 变换器系统对应的非线性电路模型的输出电流、输出电压和整流电流的表达式也发生了改变，其表达式分别为

$$i_{\mathrm{LED}} = \frac{r_{\mathrm{c}}'}{r_{\mathrm{d}}}i_{\mathrm{s}} + \frac{v_{C_{\mathrm{o}}}}{r_{\mathrm{c}}+r_{\mathrm{d}}} - \frac{v_{\mathrm{th}}}{r_{\mathrm{c}}+r_{\mathrm{d}}} \tag{6-98}$$

$$v_{\mathrm{LED}} = i_{\mathrm{LED}}r_{\mathrm{d}} + V_{\mathrm{th}} = v_{C_{\mathrm{o}}} + r_{\mathrm{c}}\frac{\mathrm{d}v_{C_{\mathrm{o}}}}{\mathrm{d}t} \tag{6-99}$$

$$i_{\mathrm{s}} = C_{\mathrm{o}}\frac{\mathrm{d}v_{C_{\mathrm{o}}}}{\mathrm{d}t}\left(1+\frac{r_{\mathrm{c}}}{r_{\mathrm{d}}}\right) + \frac{v_{C_{\mathrm{o}}}}{r_{\mathrm{d}}} - \frac{V_{\mathrm{th}}}{r_{\mathrm{d}}} \tag{6-100}$$

将式（6-100）代入式（6-99），得到 LED 端电压的表达式为

$$v_{\mathrm{LED}} = i_{\mathrm{s}}r_{\mathrm{c}}' + \frac{r_{\mathrm{c}}'}{r_{\mathrm{d}}}v_{\mathrm{th}} + \frac{r_{\mathrm{c}}'}{r_{\mathrm{c}}}v_{C_{\mathrm{o}}} \tag{6-101}$$

建模的第二、三、四步和上一小节建模公式基本相同，所以式（6-58）~式（6-74）在这里仍然可以使用。在建模的第四步中，由于输出负载模型发生变化，式（6-75）需要用式（6-102）代替：

$$\frac{2n}{\pi}i_{\mathrm{pp}} = C_{\mathrm{o}}\frac{\mathrm{d}v_{C_{\mathrm{o}}}}{\mathrm{d}t}\left(1+\frac{r_{\mathrm{c}}}{r_{\mathrm{d}}}\right) + \frac{v_{C_{\mathrm{o}}}}{r_{\mathrm{d}}} - \frac{v_{\mathrm{th}}}{r_{\mathrm{d}}} \tag{6-102}$$

式（6-76）需要用式（6-101）代替。根据式（6-68）~式（6-73）以及式（6-98）~式（6-102），可以计算出 LED 的稳态工作点为

$$I_{\mathrm{LED}} = \frac{r_{\mathrm{c}}'}{r_{\mathrm{d}}}\frac{2nI_{\mathrm{pp}}}{\pi} + \frac{V_{C_{\mathrm{o}}}}{r_{\mathrm{c}}+r_{\mathrm{d}}} - \frac{V_{\mathrm{th}}}{r_{\mathrm{c}}+r_{\mathrm{d}}} \tag{6-103}$$

$$V_{\mathrm{LED}} = V_{C_{\mathrm{o}}} = \frac{2n}{\pi}I_{\mathrm{pp}}r_{\mathrm{d}} + V_{\mathrm{th}} \tag{6-104}$$

$$\begin{cases} \dfrac{2V_{\mathrm{dc}}}{\pi}\sin\left(\dfrac{\pi}{2}D\right) = L_{\mathrm{r}}\varOmega_{\mathrm{s}}I_{\mathrm{rc}} + (r_{\mathrm{s}}+R_{\mathrm{ac}})I_{\mathrm{rs}} + V_{\mathrm{cs}} - I_{\mathrm{ps}}R_{\mathrm{ac}} + \dfrac{4n}{\pi}\dfrac{i_{\mathrm{ps}}}{i_{\mathrm{pp}}}V_{\mathrm{th}} \\[2mm] 0 = -L_{\mathrm{r}}\varOmega_{\mathrm{s}}I_{\mathrm{rs}} + (r_{\mathrm{s}}+R_{\mathrm{ac}})I_{\mathrm{rc}} + V_{\mathrm{cc}} - I_{\mathrm{pc}}R_{\mathrm{ac}} + \dfrac{4n}{\pi}\dfrac{i_{\mathrm{pc}}}{i_{\mathrm{pp}}}V_{\mathrm{th}} \end{cases} \tag{6-105}$$

$$\begin{cases} I_{\mathrm{rs}} = C_{\mathrm{r}}\varOmega_{\mathrm{s}}V_{\mathrm{cc}} \\[1mm] I_{\mathrm{rc}} = -C_{\mathrm{r}}\varOmega_{\mathrm{s}}V_{\mathrm{cs}} \end{cases} \tag{6-106}$$

$$\begin{cases} -R_{\mathrm{ac}}I_{\mathrm{ps}} + L_{\mathrm{m}}\varOmega_{\mathrm{s}}I_{\mathrm{mc}} - \dfrac{4n}{\pi}\dfrac{i_{\mathrm{ps}}}{i_{\mathrm{pp}}}V_{\mathrm{th}} = 0 \\[2mm] R_{\mathrm{ac}}I_{\mathrm{pc}} + L_{\mathrm{m}}\varOmega_{\mathrm{s}}I_{\mathrm{mc}} + \dfrac{4n}{\pi}\dfrac{i_{\mathrm{pc}}}{i_{\mathrm{pp}}}V_{\mathrm{th}} = 0 \end{cases} \tag{6-107}$$

式中，$R_{\mathrm{ac}} = \dfrac{8n^2}{\pi^2}r_{\mathrm{d}}$。根据式（6-103）~式（6-107），可以采用数值计算法计算系统的稳态工作点。在计算出带 LED 负载的半桥 LLC 变换器稳态工作点后，在稳态工作点进行小信号扰动和线性化，就可以建立系统的小信号模型。由于系统的状态变量较多，为了清楚起见，这里仍将小信号模型表示为状态空间的形式，则有

$$\begin{cases} \dot{\hat{x}} = A_1\hat{x} + B_1 u_1 \\[1mm] y_1 = C_1\hat{x} + D_1 u_1 \end{cases} \tag{6-108}$$

式中，系统状态变量矢量 $\hat{\boldsymbol{x}} = [\hat{i}_{rs},\ \hat{i}_{rc},\ \hat{v}_{cs},\ \hat{v}_{cc},\ \hat{i}_{ms},\ \hat{i}_{mc},\ \hat{v}_{C_o}]$，输入状态变量矢量 $\boldsymbol{u}_1 = [\hat{v}_{in},\ \hat{v}_{th},\ \hat{d},\ \hat{\omega}_{sN}]$，输出状态变量 $y_1 = \hat{i}_{LED}$，系数矩阵 $\boldsymbol{A}_1$，$\boldsymbol{B}_1$，$\boldsymbol{C}_1$ 和 $\boldsymbol{D}_1$ 为

$$\boldsymbol{A}_1 = \begin{bmatrix} -\dfrac{r_s+H_{i_{ps}}}{L_r} & -\dfrac{L_r\Omega_s+H_{i_{pc}}}{L_r} & -\dfrac{1}{L_r} & 0 & \dfrac{H_{i_{ps}}}{L_r} & \dfrac{H_{i_{pc}}}{L_r} & -\dfrac{H_{v_{ps}}}{L_r} \\[3mm] \dfrac{L_r\Omega_s-G_{i_{ps}}}{L_r} & -\dfrac{r_s+G_{i_{pc}}}{L_r} & 0 & -\dfrac{1}{L_r} & \dfrac{G_{i_{ps}}}{L_r} & \dfrac{G_{i_{pc}}}{L_r} & -\dfrac{G_{v_{pc}}}{L_r} \\[3mm] \dfrac{1}{C_r} & 0 & 0 & -\Omega_s & 0 & 0 & 0 \\[3mm] 0 & \dfrac{1}{C_r} & \Omega_s & 0 & 0 & 0 & 0 \\[3mm] \dfrac{H_{i_{ps}}}{L_m} & \dfrac{H_{i_{pc}}}{L_m} & 0 & 0 & -\dfrac{H_{i_{ps}}}{L_m} & -\dfrac{L_m\Omega_s+H_{i_{pc}}}{L_m} & \dfrac{H_{v_{ps}}}{L_m} \\[3mm] \dfrac{G_{i_{ps}}}{L_m} & \dfrac{G_{i_{pc}}}{L_m} & 0 & 0 & \dfrac{L_m\Omega_s-G_{i_{ps}}}{L_m} & -\dfrac{G_{i_{pc}}}{L_m} & \dfrac{G_{v_{pc}}}{L_m} \\[3mm] \dfrac{r_dK_{i_{ps}}}{(r_d+r_c)C_o} & \dfrac{r_dK_{i_{pc}}}{(r_d+r_c)C_o} & 0 & 0 & -\dfrac{r_dK_{i_{ps}}}{(r_d+r_c)C_o} & -\dfrac{r_dK_{i_{pc}}}{(r_d+r_c)C_o} & -\dfrac{1}{(r_d+r_c)C_o} \end{bmatrix}$$

$$(6\text{-}109)$$

$$\boldsymbol{B}_1 = \begin{bmatrix} \dfrac{K_1}{L_r} & 0 & \dfrac{K_2}{L_r} & -I_{rc}\omega_r \\[2mm] 0 & 0 & 0 & I_{rs}\omega_r \\[2mm] 0 & 0 & 0 & -V_{cc}\omega_r \\[2mm] 0 & 0 & 0 & V_{cs}\omega_r \\[2mm] 0 & 0 & 0 & -I_{mc}\omega_r \\[2mm] 0 & 0 & 0 & I_{ms}\omega_r \\[2mm] 0 & \dfrac{1}{C_o(r_d+r_c)} & 0 & 0 \end{bmatrix} \qquad (6\text{-}110)$$

$$\boldsymbol{C}_1 = \begin{bmatrix} \dfrac{r_c'K_{i_{ps}}}{r_d} & \dfrac{r_c'K_{i_{pc}}}{r_d} & 0 & 0 & \dfrac{-r_c'K_{i_{ps}}}{r_d} & \dfrac{-r_c'K_{i_{pc}}}{r_d} & \dfrac{r_c'}{r_dr_c} \end{bmatrix} \qquad (6\text{-}111)$$

$$\boldsymbol{D}_1 = \begin{bmatrix} 0 & -\dfrac{1}{r_d+r_c} & 0 & 0 \end{bmatrix} \qquad (6\text{-}112)$$

根据式（6-108），从输出电流到归一化开关频率的传递函数 $\hat{i}_{LED}/\hat{f}_{sN}$（归一化开关角频率 $\hat{\omega}_{sN}$ 和归一化开关频率 $\hat{f}_{sN}$ 相等）的计算公式为

$$G(s) = \boldsymbol{C}_1(s\boldsymbol{I}-\boldsymbol{A}_1)^{-1}\boldsymbol{B}_1 \qquad (6\text{-}113)$$

式中，$\boldsymbol{I}$ 是单位矩阵。

112

6.5 小信号模型准确性验证

前文建立了电阻负载和LED非线性负载条件下半桥LLC变换器的小信号模型，这里对建立的小信号模型的准确性进行验证。鉴于电阻负载下基于EDF法的小信号模型正确性已经被很多文献验证过，这里主要对比验证将LED非线性负载当作输出功率等效电阻和直接考虑LED负载的非线性模型这两种建立LED负载下半桥LLC变换器小信号模型方法的准确性。小信号模型准确性对比需要使用的LLC变换器电路主要电气参数见表6-2。

表6-2 图6-27所示带LED负载半桥LLC变换器电路主要电气参数

电气参数	数值	电气参数	数值
L_r	253μH	V_{th}	80V
C_r	10nF	r_d	6.2Ω
L_m	760μH	r_c	50mΩ
n	2.3	C_o	10μF
r_s	0.1Ω	P_o	100W
f_r	100kHz	V_{in}	400V

假如将LED负载当作输出功率等效电阻，则可以计算出满载功率P_o下的输出等效电阻R_o。由于实际负载是LED，所以需要首先计算出满载时的稳态工作电流I_o，其表达式为

$$I_o(V_{th}+I_o r_d) = P_o \tag{6-114}$$

根据式（6-114），可以计算出输出功率等效电阻R_o为

$$R_o = \frac{P_o}{I_o^2} \tag{6-115}$$

根据上一节给出的带电阻负载的半桥LLC变换器小信号建模方法，可以计算出输出电压v_o到归一化开关频率$\hat{f}_{sN}$之间的传递函数$\hat{v}_o/\hat{f}_{sN}$。根据$\hat{v}_o/\hat{f}_{sN}$计算输出电流到归一化开关频率之间的传递函数，有两种方法，第一种方法是用$\hat{v}_o/\hat{f}_{sN}$除以输出功率等效电阻R_o，即

$$\left.\frac{\hat{i}}{\hat{f}_{sN}}\right|_{R_{eq}-R_o} = \frac{\hat{v}_o}{\hat{f}_{sN}R_o} \tag{6-116}$$

为方便起见，将这种方法记为R_{eq}-R_o。第二种方法考虑到输出负载是非线性负载，其等效模型是由寄生电阻和理想二极管串联构成，所以计算其输出电流到归一化开关频率之间的传递函数应为

$$\left.\frac{\hat{i}}{\hat{f}_{sN}}\right|_{R_{eq}-r_d} = \frac{\hat{v}_o}{\hat{f}_{sN}r_d} \tag{6-117}$$

为方便起见，将这种方法记为R_{eq}-r_d，将通过式（6-113）计算得到的小信号模型记为i_{LED}。通过式（6-113）、式（6-116）和式（6-117），得到3种不同方法计算的传

递函数的 Bode 图, 如图 6-28 所示。

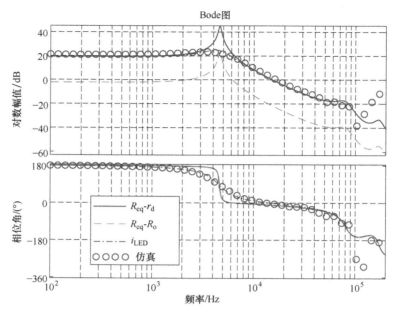

图 6-28　4 种不同方法得到的传递函数的 Bode 图

为了验证 3 种不同计算方法的准确性, 在 Matlab/Simulink 中搭建了带 LED 负载的半桥 LLC 变换器仿真模型, 并借助 Matlab/Simulink 中的线性分析工具得到带 LED 负载的半桥 LLC 变换器输出电流和归一化开关频率的传递函数的 Bode 图, 如图 6-28 中的仿真图例代表的曲线所示。通过图 6-28 所示的 4 条 Bode 图曲线, 可以看出:

1) 基于 LED 非线性模型推导的半桥 LLC 变换器小信号模型的 Bode 图和 Simulink 仿真实验得到的 Bode 图曲线重合度最高, 证明了在推导含非线性负载的 LLC 变换器小信号模型时, 将负载的非线性模型代入小信号模型的推导中, 才能得到最准确的小信号模型。

2) 通过对比 R_{eq}-R_o、R_{eq}-r_d 和 i_{LED} 这 3 种模型的 Bode 图曲线发现, 在根据输出功率等效负载模型推导出小信号模型得到传递函数 $\hat{v}_o/\hat{f}_{sN}$ 后, 为了验证根据输出功率等效模型计算的小信号模型的准确性, 需要用传递函数 $\hat{v}_o/\hat{f}_{sN}/r_d$ 计算得到输出电流对归一化开关频率的传递函数。用传递函数 $\hat{v}_o/\hat{f}_{sN}/R_o$ 将导致计算的传递函数和准确值存在较大的开环增益偏差。

6.6　LLC 变换器控制器设计及输出电流纹波抑制

根据式 (6-113) 推导的带 LED 负载的半桥 LLC 变换器的小信号模型和表 6-2 给出的电气参数, 可以计算出 LED 输出电流和归一化开关频率之间的传递函数为

$$G_s(s) = \frac{5.8e6(s+8.04e8)(s-5.178e5)(s+2e6)(s^2+5.188e5s+6.64e11)}{(s+1.374e6)(s^2+1.61e4s+8.38e8)(s^2+1.545e5s+2.55e11)(s^2+2.2e5s+1.17e12)}$$

$$(6-118)$$

由于式（6-118）太过复杂，不方便设计控制系统。通过保留传递函数的主导极点和右半平面的零点，可以将其简化为

$$G_{s\_s}(s) = \frac{1.51e4(s-5.178e5)}{s^2+1.612e4s+8.383e8} \qquad (6-119)$$

式（6-119）虽然对式（6-118）进行了简化，但是在其控制器设计的频率范围内，其准确性仍得到保留，如图6-29中二者的 Bode 图所示。

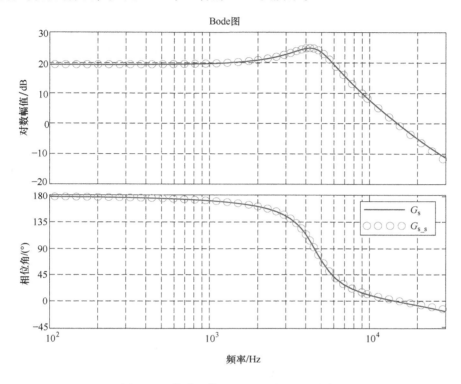

图 6-29 传递函数 G_s 和 G_{s_s} 的 Bode 图对比

带 LED 负载的半桥 LLC 变换器的闭环控制框图如图 6-30 所示，其中，G_c 是负责控制输出电流到参考值 i_{ref} 的补偿调节器的传递函数。LLC 变换器输入直流电压大多来自有源功率因数校正（Power Factor Correction，PFC）电路，为了提高 LED 驱动器的寿命，PFC 电路后级的直流支撑电解电容逐渐被薄膜电容替代。由于同等耐压等级的薄膜电容的电容值相对较小，导致 PFC 后级输出的直流电压 V_{in} 中存在一定的电压谐波。为了抑制输入电压 V_{in} 中的谐波电压导致的输出电流纹波，图 6-30 中采用准谐振控制器（Quasi-Resonant Controller，QRC），通过增大输入谐波电压所在频率处的前向通道的增益来抑制输入谐波电压造成的输出电流纹波。反馈回路由电流传感器、低通滤波器和 AD 采样环节构成。G_{iv} 是输出电流和输入电压之间的传递函数。

1. 准谐振控制器（QRC）设计

QRC 的传递函数 G_{QR} 的表达式见式（6-120），式中，k、ζ 和 ω_o 分别是 QRC 增益、阻尼系数和中心谐振频率。

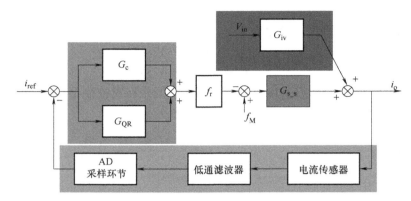

图 6-30　带 LED 负载的半桥 LLC 变换器闭环控制框图

$$G_{QR}(s) = \frac{2k\omega_o s}{s^2 + 2\zeta\omega_o s + \omega_o^2} \qquad (6\text{-}120)$$

根据式（6-120），可以得到 QRC 的控制框图和 Bode 图分别如图 6-31 和图 6-32 所示。

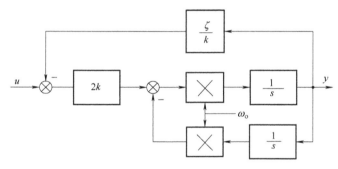

图 6-31　QRC 的控制框图

从图 6-32 中的 Bode 图可以看出：

1）QRC 在中心频率 f_o 处的增益最大。所以，QRC 的中心频率需要设置为等于直流输入电压中的谐波电压频率，以最大限度地抑制输入电压谐波造成的输出电流纹波。

2）QRC 的阻尼系数对最大增益处的峰值、下降速率和相位变化有显著影响。阻尼系数越小，最大增益处峰值越大，但是增益幅值和最大增益附近的相位下降也越快。由于直流侧谐波电压的频率也会随着电网电压频率变化而在一定范围内波动，所以 QRC 的阻尼系数不宜选得过小，从而实现 QRC 在直流侧谐波电压频率波动范围内均具有较高的增益，提高 QRC 的频率适应性。

3）QRC 的参数 k 会增大在整个频率范围内的增益。为了简化补偿控制器的设计，QRC 的增益 k 不宜过大。

2. 补偿控制器设计

补偿控制器用于调节输出电流到参考值，其传递函数 G_c 的设计依赖于前文推导的简化的传递函数 G_{c_c}。首先，传递函数 G_{c_c} 的型别需要提高，从而实现参考电流的无净

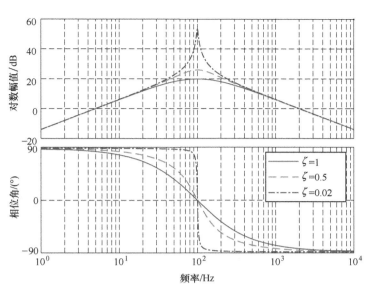

图6-32 QRC 在 $k=1$、$f_o=100Hz$ 和不同阻尼系数下的 Bode 图

差跟踪，因此，G_c 需要包含一个纯积分环节。同时，由于 G_{c_c} 的两个主导极点导致系统的开环增益和相位下降过快，不利于提高系统的动态响应速度。因此，在补偿控制器中引入两个和 G_{c_c} 主导极点相同的开环零点。此外，在补偿控制器中引入一个一阶惯性环节，且一阶惯性环节的转折频率设置为开关频率 ω_s 的一半，从而保证系统的开环增益在开关频率附近快速下降。最后，通过调节补偿控制器的增益 k_c 来调节整个开环系统的相位穿越频率。根据以上分析，得到补偿控制器的传递函数 G_c 为

$$G_c = \frac{k_c(s^2+1.612e4s+8.383e8)}{8.383e8s(2s/\omega_s+1)} \tag{6-121}$$

为了滤除采样电流中的开关频率噪声，在反馈回路中加入了低通滤波器（Low Pass Filter，LPF），该 LPF 的传递函数 G_{LPF} 为

$$G_{LPF} = \frac{\omega_{filt}^2}{s^2+\omega_{filt}/Q+\omega_{filt}^2} \tag{6-122}$$

为了滤除开关频率噪声，LPF 的剪切频率低于开关频率，设置为 20kHz。为了获得平滑的滤波效果，LPF 的品质因数 Q 设置为 0.5。由于谐振控制器仅在其中心频率处具有较大的增益，因此忽略谐振控制器传递函数，将传递函数 G_{c_c}、G_c 和 G_{LPF} 相乘，可以得到系统的开环增益 G_{all} 为

$$G_{all} = G_{c\_c}G_cG_{LPF} \tag{6-123}$$

实际仿真控制中，系统的开关频率为 100kHz，AD 采样频率设置为 50kHz。通过调节补偿控制器的增益 k_c，可以调节开环系统 G_{all} 的相位穿越频率，如图6-33 所示。

从图6-33 中可以看出，在没有补偿之前，控制系统的相位裕度是负值，系统不稳定。补偿后，控制系统的相位穿越频率被设置为 1.46kHz，相位裕度为 79.6°。补偿控制器的增益 k_c 的值为 1000。

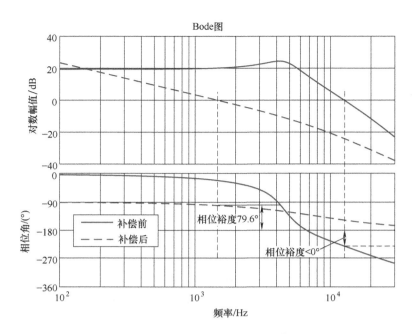

图 6-33　传递函数 G_{c_c}（实线）和 G_{all}（虚线）的 Bode 图对比

3. 控制器仿真验证

为了验证设计的补偿控制器和 QRC 的正确性，在 Simulink 中搭建了带 LED 负载的半桥 LLC 变换器的仿真模型。在仿真模型中，在输入直流电压中加入了峰值为 40V、频率等于 100Hz 的正弦交流谐波。QRC 的阻尼系数和增益分别设置为 0.02 和 1。

图 6-34 对比了在 QRC 参与闭环控制和不参与闭环控制两种条件下，LED 输出电流和输出电压的波形。从图中可以看出，在仿真时间 0.12s 之前，补偿控制器和 QRC 同时作用，输出电流被调节到设定值 1A，此时输出电流纹波的峰峰值在 80mA 以内。在仿真时间 0.12s 及以后，QRC 从闭环控制中切除，可以看到，输出电流纹波的峰峰值上升到 200mA。以上仿真结果证明设计的准谐振控制器可以有效抑制输入电压中的谐波电压造成的输出电流纹波。

在图 6-35 中展示了在动态调光过程中，LED 的输出电流和输出电压在补偿控制器和 QRC 控制下随时间的动态变化情况。其中，补偿控制器和 QRC 同时参与闭环控制。在仿真时间 0.08s 之前，输出电流的参考值等于 1A；在 0.08s 时，输出电流参考值阶跃到 0.75A，并保持该电流值；在 0.12s 时，输出电流参考值阶跃到 0.35A，并保持该电流值。

从图 6-35 中可以看出，补偿控制器可以控制输出电压快速跟踪输出电流参考值的变化，同时 QRC 能有效抑制输入电压中的谐波电压造成的输出电流纹波。图 6-35 再次验证了带 LED 负载半桥 LLC 变换器小信号模型的正确性，同时也验证了补偿控制器和准谐振控制器设计的正确性和有效性。

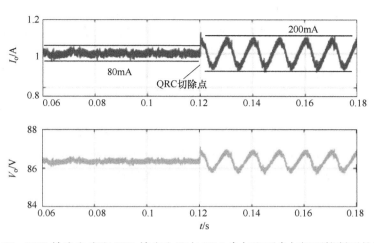

图 6-34　LED 输出电流和 LED 输出电压在 QRC 参与和不参与闭环控制下的波形

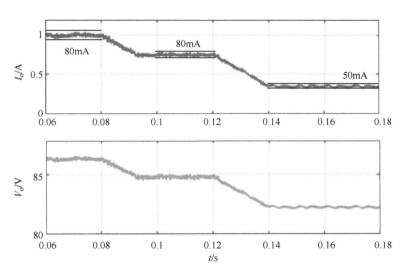

图 6-35　在动态调光过程中 LED 输出电流和 LED 输出电压在补偿控制器和 QRC 控制下的波形

6.7　本章小结

　　本章提出了一种基于 GaN 器件和平面磁集成矩阵变压器的高效率高功率密度 LLC 谐振变换器的设计方法。首先推导了谐振工作点处谐振电流和同步整流电流有效值，并在满足实现 ZVS、增益要求和调频范围的要求下，通过选择合理的死区时间从而优化设计变换器谐振工作参数。

　　接着根据第 2 章提出的 GaN 器件建模方法，建立了基于 GaN 器件模型和链路寄生参数的 LLC 变换器 Spice 仿真模型。基于该仿真模型不仅验证了谐振参数设计的合理性，同时提出了一种基于变换器仿真模型的主功率回路迭代设计方法，用于缩短 LLC 变换器的开发周期和成本。最后通过仿真和实验结果的对比，验证了 LLC 仿真模型仿真结果的正确性。

最后提出了一种平面磁集成矩阵变压器优化设计方法，用于进一步提高 LLC 变换器的效率和功率密度。根据磁通抵消原理，将分离磁心实现的矩阵变压器集成到单个磁心中实现，进一步减小了矩阵变压器的磁心损耗，并提高了 LLC 变换器的功率密度。在矩阵变压器绕组损耗模型和磁心损耗模型的基础上，提出了变压器总损耗和变压器占用 PCB 面积的优化折中设计方法。所提出的平面磁集成矩阵变压器设计方法的正确性得到实验验证，对于实际指导平面磁集成矩阵变压器设计，进一步提高 LLC 变换器的效率和功率密度具有一定的参考价值。同时，建立了不同负载下半桥 LLC 变换器的小信号模型，设计并验证了输出电流补偿控制器和抑制输出电流纹波的准谐振控制器，对于 LLC 变换器的设计、建模和控制具有一定的指导意义。

附 录

附录 A　基于 Ansys Q3D 实现 PCB 寄生参数提取

A.1　将 Altium Designer 绘制的 PCB 文件导入 AnsysQ3D

1）在 Altium Designer（Altium Designer 软件需要 14.0 以上版本，且在安装 Altium Designer 时需要选中 Ansoft 文件导入/导出功能）中打开 PCB 工程文件，如图 A-1 所示。

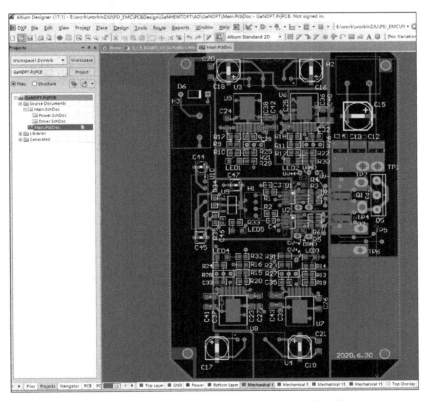

图 A-1　Altium Designer 17.1 打开的 PCB 文件实例

2）依次单击 "File→Fabrication Outputs→ODB++Files"，导出的 ODB++压缩包文件以 PCB 工程文件名命名（PCB 文件名 .tgz），默认保存在 PCB 工程所在目录下的

Project Outpus for 工程文件名目录下，如图 A-2 所示。

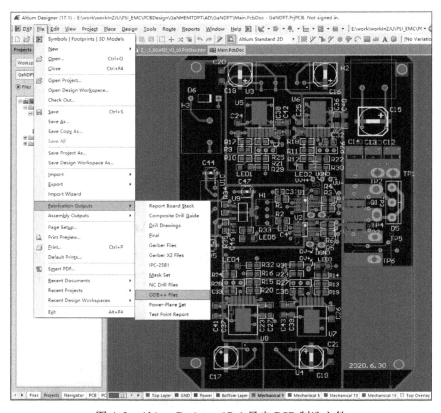

图 A-2　Altium Designer 17. 1 导出 PCB 制造文件

3）打开 Ansys SIWave（这里以 SIWave 2017. 2 为例进行说明），导入刚刚从 Altium Designer 中导出的 PCB 工程对应的 ODB++文件。单击"Import"，如图 A-3 所示。

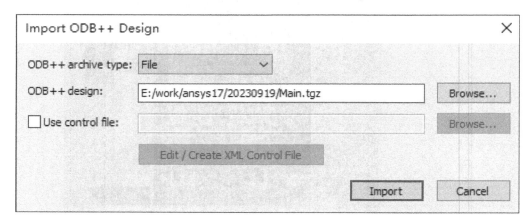

图 A-3　Ansys SIWave 导入 PCB 制造文件

4）弹出导出对话框，默认选项即可，单击"OK"，完成 PCB 制造数据的导入，也可以只选取部分感兴趣的网络导入。

5）导入后，可以对 PCB 进行剪切。剪切后 PCB 尺寸更小，包含的网络数量更小，需要的计算量也会减小。剪切操作如下：在"Tools"菜单中单击"Clip Design"，可以选择矩形进行剪切，也可以选择多边形。依次单击"Tools→Clip Design"后，鼠标左键在 PCB 上单击要剪切的区域，之后单击"Clip"，完成 PCB 的裁剪。

6）验证导入的 PCB 是否正确并自动修复，需要单击"Tools→validation check"。

7）单击"Export→Export to Q3D Extrator"，将待分析的 PCB 导入 Q3D 中，如图 A-4 所示。图 A-4 中标注出尺寸的区域就是从 PCB 截取的待分析的部分。

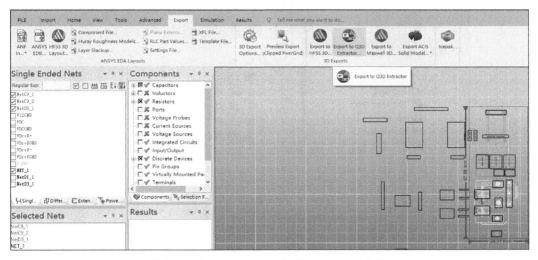

图 A-4　从 Ansys SIWave 导出 Ansys Q3D 工程

A. 2　Ansys Q3D 提取 PCB 寄生电阻和电感

（1）将电路模型导入 Ansys Q3D　导入 Q3D Extrator 中的 PCB 文件 3D 模型如图 A-5 所示。其中包含了感兴趣的电路网络、PCB 叠层和过孔等信息。

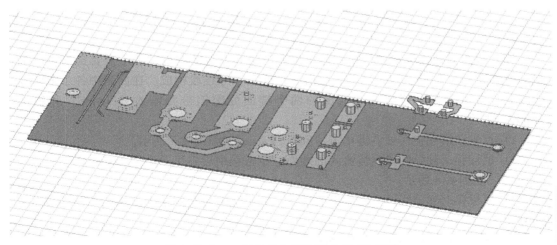

图 A-5　Ansys Q3D 导入的 PCB 文件 3D 模型

为了提高仿真收敛速度，避免网格划分失败。对于图 A-5 所示的 PCB 文件 3D 模型，可以删除一部分不需要分析的网络和不连续的结构。删除后，需要重新识别电路网络。直接右键单击工程管理界面的"Nets→Auto Identify Nets"即可，如图 A-6 所示。

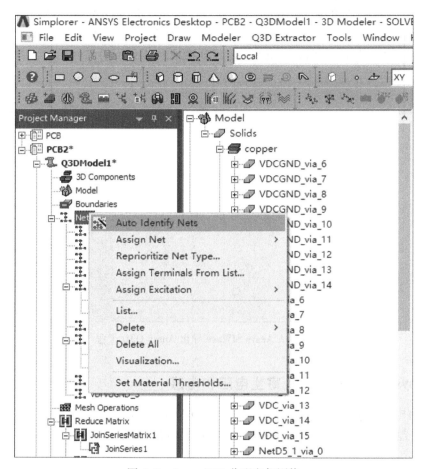

图 A-6　Ansys Q3D 分配电气网络

（2）设置参数提取模型　找到需要提取电阻和电感的网络。选中需要提取寄生电阻和电感的 PCB 回路，这个回路一般由一个或多个导线段构成。在回路中各个电路导线段上，分别沿着电流流入和流出的两个端面分配信号源输入（Source）和输出（Sink）端子。

1）首先在模型空白处右键单击"Select Faces"，如图 A-7 所示。

2）鼠标移动到导线段电流流入的端面，单击选中后右键单击"Assign Excitation→Source"，如图 A-8 所示。

3）鼠标移动到导线段电流流出的端面，单击选中后右键单击"Assign Excitation→Sink"。

4）继续完成其他导线段的信号源流入和流出端子的设置。

（3）设置求解器　双击"Project Manager"中"Analysis"下的"Setup1"图标，

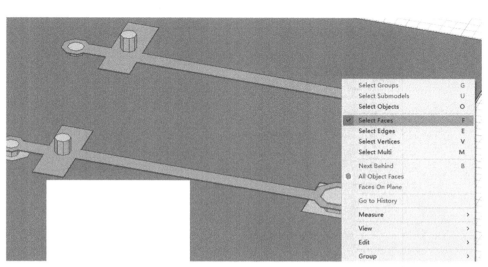

图 A-7　Ansys Q3D 中设置分析平面选择

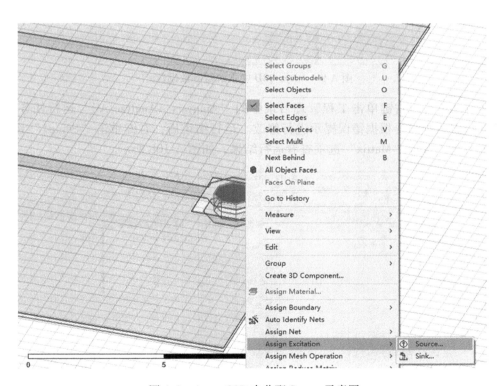

图 A-8　Ansys Q3D 中分配 Source 示意图

打开如图 A-9 所示的求解器分析参数设置界面。在"General"选项卡中可以设置求解频率，在"Solution Selection"分选项卡中，勾选"DC"和"AC Resistance/Inductance"进行直流和交流寄生电阻和电感计算。

（4）寄生电感和电阻求解　单击图 A-10 工具栏中的对号图标，验证工程文件设置是否正确。如果验证正确，则可以单击工具栏中的感叹号图标运行参数提取任务，或

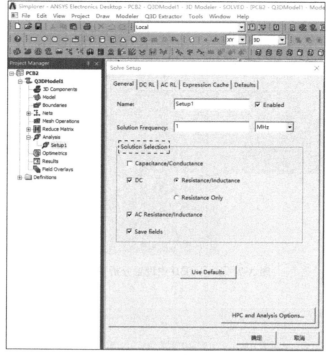

图 A-9　Ansys Q3D 中求解器参数设置

者如图 A-10a 所示右键单击工程管理目录中的"Analysis→Analyze All"运行任务。如果验证错误，则需要根据错误提示进行修改。运行结束后，右键单击"Setup1"图标，在弹出菜单中选择"Matrix"选项查看运行结果，如图 A-10b 所示。

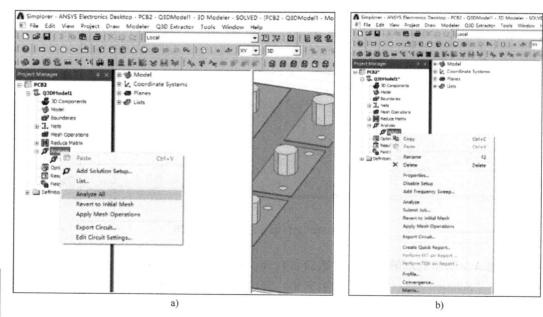

　　　　　　a)　　　　　　　　　　　　　　　　　　　　b)

图 A-10　执行 Ansys Q3D 中参数提取命令和查看 Ansys Q3D 中参数提取结果

a）执行参数提取命令　b）查看参数提取结果

经过 Ansys Q3D 运行后提取出来的两端 PCB 导线的交流和直流寄生电感和电阻分别如图 A-11a、b 所示。

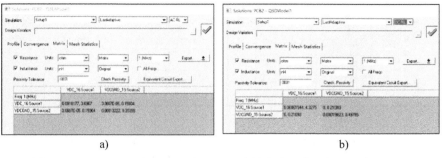

图 A-11　Ansys Q3D 提取的两端 PCB 导线的交流和直流寄生电感和电阻
a）交流寄生电感和电阻　b）直流寄生电感和电阻

（5）减小回路寄生电阻和电感矩阵　在 Ansys Q3D 中，可以通过设置各个导线的 Source 端子和 Sink 端子的连接，将各个不相互连接的导线连接在一起，从而提取出复杂 PCB 电路的总电感。这里以将两根导线串联为例进行说明。右键单击工程管理选项卡中的"Reduce Matrix"图标，选择"Join in series"选项，弹出如图 A-12 所示对话框。

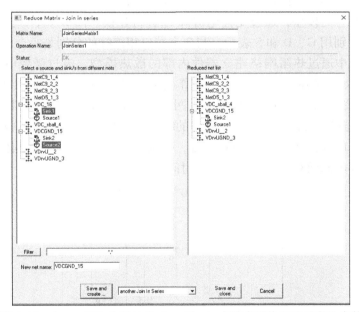

图 A-12　Ansys Q3D 中通过 Reduce Matrix 求取多导线互连后寄生参数

在左边窗口中同时选中第一根导线的 Sink1 端口和第二根导线的 Source2 端口，然后单击"Save and close"按钮，即完成了两根导线的串联连接。完成上述操作后，在"Reduce Matrix"下新建一个 JoinSeriesMatrix1 的目录，如图 A-13a 所示。右键单击新建的"JoinSeriesMatrix1"项目，选中"Matrix"选项，查看导线互连后的总寄生参数，如图 A-13b 所示。

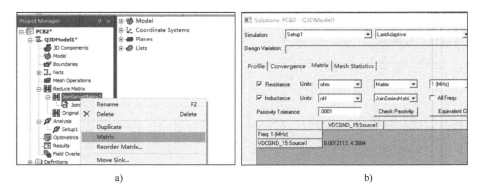

a)   b)

图 A-13　新建 JoinSeriesMatrix1 与导线互联后的总寄生参数

a）新建 JoinSeriesMatrix1　b）导线互联后的总寄生参数

对比图 A-11 和图 A-13 可以看出，两根导线串联后的总电感等于两根导线各自的自感与 2 倍的互感之和，验证了分析结果的正确性。

附录 B　宽禁带器件 LTSpice 仿真模型

宽禁带功率半导体器件的电热行为模型框图如图 B-1 所示，主要由静态电热行为模型、寄生参数模型和热阻网络模型 3 部分构成。其中，静态电热行为模型根据本书提出的静态电热行为模型，通过受控电流源 I_{ds} 进行建模。图 B-1 中，器件的门极、漏极和源极端口分别用 G、D 和 S 表示，与 3 个端口相连接的分别是每个端口的寄生电感和电阻。图 B-1 中通过热阻网络建立器件内部的散热模型，流过受控电流源的电流和器件端电压相乘构成器件的损耗功率，作为热阻网络的热源。热阻网络的热源在 LTSpice 中通过受控电流源进行建模，热阻网络通过电阻和电容进行建模。通过在模型结温 T_j 端口处连接电压源，可以设定器件的结温，同时，结温 T_j 端口也可以悬空；通过在壳温 T_c 端口连接电压源设定器件壳温，壳温 T_c 端口也可以连接热阻网络，仿真器件在不同工况和不同散热条件下的结温随时间的变化而变化。

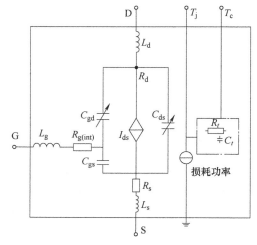

图 B-1　宽禁带功率半导体器件的电热行为模型框图

B.1　非线性电容建模与模型验证

1. 非线性电容建模

在建立了非线性电容的准确模型后，需要在 LTSpice 中通过编程完成该非线性模型的建模，实现对非线性电容的准确建模和仿真模型的快速收敛。如下 LTSpice 代码示例了一种非线性电容建模的实现方法，通过和一个 1pF 电容并联的受控电流源实现非线性电容 cdsmos 的模型。

```
.subckt cdsmos d2 s1
.param a  =        1691.1979
+b  =        -0.8084
+c  =        0.003391
+d  =        2.22778
+e_1  =      0.51826
+g  =        0.09822
R_temp d2 d3 0.01
v_temp d3 d4 0
C_temp d4 s1 1p
G_Cds_temp d3 s1 value={ i(v_temp) * a * (1+max(v(d2,s1),0) * (1+b
* (1+g * tanh(c * max(v(d2,s1),0)-d)))) ** (-e_1)}
.ends cdsmos
```

本例中，受控电流源的电流受流过并联 1pF 电容电流控制，电容以 pF 为单位，非线性电容是电容端电压 $v(d2, s1)$ 的函数，通过前文建立的非线性电容建模公式进行建模。电阻 R_temp 与非线性电容串联，最终建立的非线性电容只比理论值增大了 1pF，可以忽略。

2. 非线性电容模型验证

在建立了非线性电容模型后，需要对 LTSpice 中建立的非线性电容模型的正确性进行验证。图 B-2 所示是在 LTSpice 中建立非线性电容容值测试电路。由于非线性电容大多是漏源电压的函数，图 B-2 所示的模型在不同的直流漏源电压下在 1MHz 频率点展开交流分析，交流扫频信号的电压幅值设置为 1V。

假设流入图 B-2 中左侧 GaN HEMT 器件 GS61008P 仿真模型门极的交流电流相量为 I_{GS}，则 I_{GS} 与测量电压相量 V_{ac} 之间的关系为

$$I_{GS} = j(2\pi f) C_{iss} V_{ac} \tag{B-1}$$

式中，C_{iss} 是待测量宽禁带器件的输入电容。从式（B-1）可以看出，通过测量仿真模型中的门极电流虚部，然后除以 1MHz 测量频率对应的角频率，就可以计算出输入电容 C_{iss} 随漏源电压的变化曲线，如图 B-3 所示。

同理，可以通过测量流入图 B-2 右侧 GaN HEMT 器件 GS61008P 仿真模型门极的交流电流测量转移电容 C_{rss} 随漏源电压的变化曲线；通过测量流入图 B-2 右侧 GaN HEMT 器件 GS61008P 仿真模型漏极的交流电流可以测量输出电容 C_{oss} 随漏源电压的变化曲线。

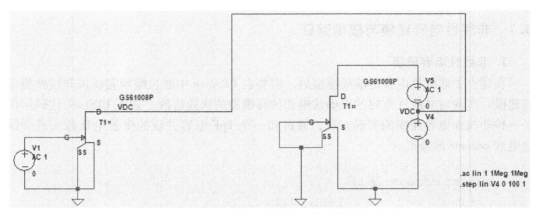

图 B-2　LTSpice 中建立非线性电容容值测试电路

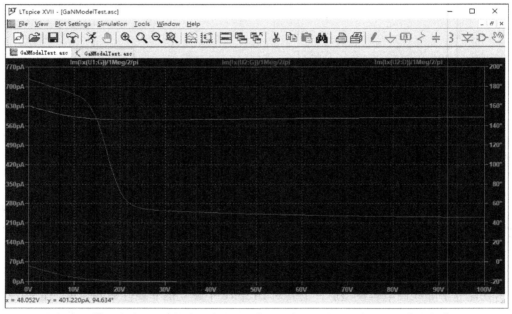

图 B-3　输入电容 C_{iss}、转移电容 C_{rss} 和输出电容 C_{oss} 随漏源电压变化曲线仿真图

B. 2　输出电热行为特性建模与模型验证

1. 输出电热行为特性建模

根据前文建立的 SiC MOSFET 电热行为模型建模公式，得到实现 SiC MOSFET 电热行为特性的 LTSpice 代码如下：

```
.subckt gmos d1 g2 s1 Tj Tc
.param a1 =      2.32277337401596 ; I-V characteristic parameters
+a2 =      -722.961306584333 ; Symbol '+' is line continuation
character.
```

```
   +a3 =          74705. 1455938944
   +a4 =          -7. 34353190460394
   +a8 =          34. 2337395507538
   +a9 =             0. 378445231410804
   +theta =       2. 69858773721912
   +theta1 =      -0. 000331504390630963
   +q1 =             0. 160621848170237
   +q2 =             0. 470644117126878
   . param p11_xl =3. 0212e-5,p22_xl =-0. 01623 ,p33_xl =6. 12789;
   B2    gm  0   V =(a1 * V(Tj) * V(Tj)+a2 * V(Tj)+a3); used as the gm
   R_B    gm  0   1E12
   B3    vth  0   V =(p11_xl * V(Tj) * V(Tj)+p22_xl * V(Tj)+p33_xl);
used as the vth
   R_C    vth  0   1E12
   . param p3  =7
   . param p4  =0. 0257
   . param p5  =2. 09
   . param p6  =2. 0
   . param p7  =0. 5
   . param p8  =0. 001
   . param p9  ={2 * p3 * p4}
   . param p10 ={p9 * p4}
   . param p11 =-10
   . param p12 =25
   R100 g1 s1  1e9
   E100 g1 s1   value ={limit(V(g2,s1),p11,p12)}
   G1 d1 s1 value=  {
   +  if(V(d1,s1)<0,
   +    -V(gm,0) * ((ln(1+exp((v(g1,s1)-+V(vth,0))/max(a4+theta1 *
v(g1,s1) * v(g1,s1)+theta * v(g1,s1),1)))) ** a8)
   +    * (1+a9 * v(s1,d1))/(1+q2 * v(s1,d1))
   +    ,
   +    V(gm,0) * ((ln(1+exp((v(g1,s1)-+V(vth,0))/max(a4+theta1 *
v(g1,s1) * v(g1,s1)+theta * v(g1,s1),1)))) ** a8)
   +    * (1+a9 * v(d1,s1))/(1+q2 * v(d1,s1))
   +)
   +}
   G2 d1 s1 value=  {
```

```
+  if(V(d1,s1)<0,
+V(gm,0) * ((ln(1+exp((v(g1,s1)-V(vth,0)-+q1 * v(s1,d1))/max(a4
+theta1 * v(g1,s1) * v(g1,s1)+theta * v(g1,s1),1)))) ** a8)
+ * (1+a9 * v(s1,d1))/(1+q2 * v(s1,d1))
+,
+-V(gm,0) * ((ln(1+exp((v(g1,s1)-V(vth,0)-+q1 * v(d1,s1))/max(a4
+theta1 * v(g1,s1) * v(g1,s1)+theta * v(g1,s1),1)))) ** a8)
+ * (1+a9 * v(d1,s1))/(1+q2 * v(d1,s1))
+)
+}
.ends gmos
```

2. 电热行为模型验证

在 LTSpice 中搭建宽禁带器件电热输出特性的测量电路如图 B-4 所示。图中，通过设置与结温 T_j 端口连接的电压源的电压值，可以设定结温。然后在不同栅源电压 V_{gs} 下测量了漏源电流随漏源电压的变化曲线，得到的仿真结果如图 B-5 所示。

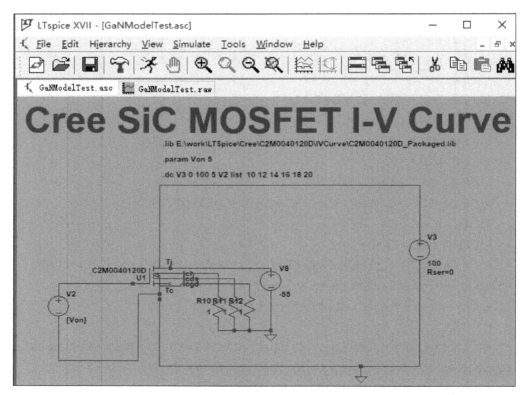

图 B-4 SiC MOSFET 输出特性曲线测量电路

通过验证图 B-5 所示的输出特性曲线和数据手册中给出的输出特性曲线的吻合程度，就可以验证建立的电热行为特性模型的准确性。

132

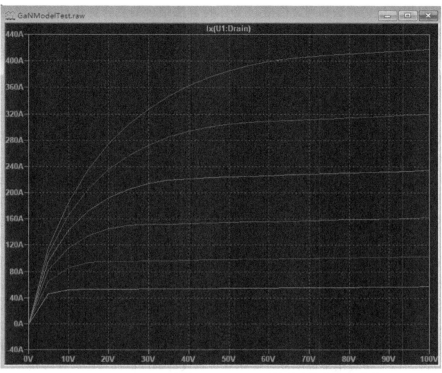

图 B-5　SiC MOSFET 在结温 $T_\mathrm{j}=-55℃$ 下的输出特性仿真曲线

附录 C　基于遗传算法和列文伯格-麦夸尔特算法的复合优化算法

1. 建模数据获取

宽禁带功率半导体器件建模需要进行模型正确性的验证和模型参数的提取，所以需要获取足够的建模数据用于训练建模公式并提取模型参数。宽禁带功率半导体器件的数据手册中提供了宽禁带器件在不同结温下的输出特性曲线和转移特性曲线，这些曲线中所包含的数据可用于完成宽禁带器件电热输出特性的建模。同时，宽禁带器件数据手册中还包含非线性寄生电容随漏源电压变化的曲线，曲线中包含的数据也可用于寄生电容模型参数的提取。

这里介绍一款开源的图片中曲线数据提取软件 WebPlotDigitizer。该软件是一款半自动化的图片曲线信息提取工具，可用于从二维 X-Y 图、条形图、极坐标图、三元图和地图等图形中快速提取曲线坐标信息。同时该软件内置算法，既可以手动单击选取曲线上的数据点，也可以自动提取设定的某一种颜色的曲线数据，实现曲线数据的快速提取。WebPlotDigitizer 软件工具是可以免费使用的，而且支持多个操作系统平台。

2. 基于遗传算法和列文伯格-麦夸尔特算法的复合优化算法

在建立宽禁带功率半导体器件的复杂电热行为模型的过程中，除了建模数据非常重要之外，还需要一个全局优化且快速收敛的建模参数快速提取优化算法。在获取建模数据后，借助优化算法，可以快速训练并不断完善建模模型，实现模型参数的快速提取。所以，优化算法的优劣直接决定了宽禁带器件行为模型能否快速准确地建立。

本书采用了遗传算法和列文伯格-麦夸尔特算法结合的复合优化算法实现建模模型的训练和建模参数的快速提取。该算法首先采用全局收敛特性比较好的遗传算法进行建模参数的初选,然后利用列文伯格-麦夸尔特算法快速收敛的优点,进行建模参数的精细优化,最终得到优化精度高且收敛速度快的复合优化算法。

本附录在 Matlab 软件环境下通过编程实现了该复合优化算法,复合优化算法仿真脚本文件为下文中的 ComplexOptimization_main. m,该脚本文件首先调用 Matlab 中遗传优化算法 ga( ) 实现模型参数的第一次拟合;接着调用 Matlab 中的非线性最小二乘算法函数 lsqnonlin( ),在该函数中调用列文伯格-麦夸尔特算法实现模型参数的第二次拟合。

采用提出的复合优化算法对 Cree 公司生产的 SiC MOSFET C2M0040120D 的电热输出特性展开建模。建模数据是数据手册中提供的转移特性曲线和不同结温下的输出特性曲线。图 C-1 是遗传算法运行界面,从图中可以看出随着遗传算法的运行,计算的适应度逐渐减小。图 C-2 是将遗传算法拟合的建模参数代入建模公式计算的输出电流和建模数据进行对比的结果。从图 C-2 中可以看出,遗传算法拟合出来的建模参数准确度非常低。将遗传算法拟合出来的建模参数作为列文伯格-麦夸尔特算法的初始拟合参数,继续进行建模参数的拟合。图 C-3 中所示是用列文伯格-麦夸尔特算法拟合出来的建模参数代入建模公式计算的输出电流和建模数据的对比图。从图 C-3 中可以看出,复合优化算法拟合出来的模型参数准确度非常高。而且通过 Matlab 计算出来这个参数拟合所用的时间在 20s 以内。以上仿真结果证明复合优化算法不仅准确度高而且拟合速度快。

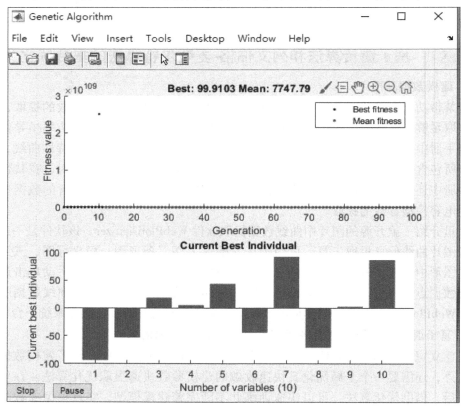

图 C-1　遗传算法运行界面

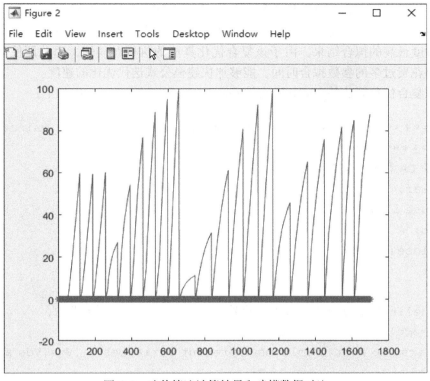

图 C-2　遗传算法计算结果和建模数据对比

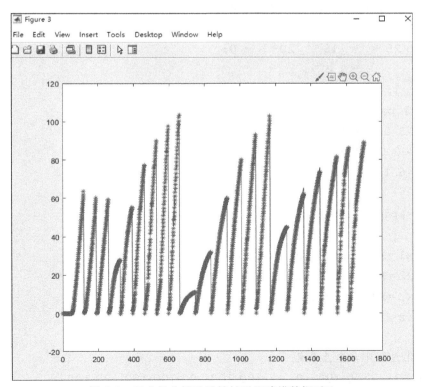

图 C-3　复合优化算法计算结果和建模数据对比

必须指出的是，以上复合优化算法并不能保证每一次执行都能拟合出准确的模型参数；而且每次运行后得到的拟合参数也都不一样。可以多次调用该优化算法，从中选取准确度最高的拟合结果。由于该复合优化算法的执行时间短，因此即使多次运行也不需要花费过多的参数拟合时间，能够加快建模公式迭代优化的速度。

实现复合优化算法的 MatlabM 文件 ComplexOptimization_main. m 如下：

```
% *********************** ComplexOptimization_main. m ****
******************
%% GA 和 L-M 复合优化算法 M 文件
clear;
close all;
clc;
fclose('all');
%%


ModelingData; %调用保存建模数据的脚本,初始化建模数据 X;
% Modeling data is a four columns matrix;
%First to fourth columns represent varialbes Tj,Vgs,Vds and Ids
respectively.
%为了避免数据占用太多篇幅,这里只从数据手册中选择了一个数据点。实际拟
合参数时建模数据越多,参数拟合越准确
% X=[...
%   25      -10     20      0;
%...
%   ];
% vth parameters
p11=3.0212e-5;
p22=-0.01623;
p33=6.12789;

Pth=[p11 p22 p33];

    x1=X(:,1)'; %temperature
    x2=X(:,2)'; % vgs
    x3=X(:,3)'; % vds
    fz=X(:,4)';

%优化过程中参数上下限
piniLB=[-100-100  0    -100-100-100-100-100-100-100];
```

```
    piniUB=[  100  100  100  100  100  100  100  100  100  100];
    pLB=[-100-100  0    -100-100-100-100-100-100-100];
    pUB=[  100  100  100  100  100  100  100  100  100  100];
tic %统计算法运行时间
%调用 GA 算法实现第一次参数拟合
    [coeff,RMSout]=FitLaw_GA([x1'x2'x3'],fz,@fh,[piniLB;pini-
UB],pLB,pUB)

figure(2)
plot(fz);
hold on;
fzz=fh(X,coeff);
plot(fzz,'*r');
%运行 L-M 算法,在 GA 算法基础上完成第二次参数拟合
coeff1=lmfunc(@fh,[x1'x2'x3'],fz,coeff)
time_cal=toc %显示算法运行时间
%绘图体现拟合准确性
figure(3)
plot(fz);
hold on;
fzz=fh(X,coeff1);
plot(fzz,'*r');

%% fh()是建模公式
function result=fh(X,par)

    p111=3.0212e-5;
    p222=-0.01623;
    p333=6.12789;

    x1=X(:,1)'; %temperature
    x2=X(:,2)'; % vgs
    x3=X(:,3)'; % vds

    p1=par(1); %a1
    p2=par(2); %a2
    p3=par(3); %a3
    p4=par(4); % a4
```

```
        p5=par(5); % theta
        p6=par(6); % theta1
        p7=par(7); %
        p8=par(8); %
        p9=par(9); %
        p10=par(10); %

        vth=p111 * x1.^2+p222 * x1+p333;
        gm=p1 * x1.^2+p2 * x1+p3;
        divvds1=1+p8 * x3;
        neggm=max((p6+p5 * x2+p4 * x2.^2),1);
        divvds=p9 * x3;
        result=gm.*((log(1+exp((x2-vth)./neggm))).^p10-(log(1+
exp((x2-vth-divvds)./neggm))).^p10.*(1+p7 * x3)./divvds1;
    end
    %% L-M算法函数
function paras=lmfunc(fh,X,y,param)
    options=optimoptions(@ lsqnonlin,'Algorithm','levenberg-mar-
quardt',...
        'MaxFunctionEvaluations',12000,'StepTolerance',1.000e-18,
'FunctionTolerance',1.0000e-18,'MaxIterations',8000);
    paras=lsqnonlin(@ FitFcn,param,[],[],options);
% Fitness function
function fitness=FitFcn(param)
        est=fh(X,param);
        fitness=est-y;
    end
    end
    %% GA algorithm function
function [coeff,RMSout]=FitLaw_GA(X,y,fh,Int,LB,UB)
%   X=matrix containing the values of the indipendent variables
of the
%       function. Each column refers to a variable
%   y=target values to be matched by the function(row vector)
%   fh=handle of the function to be fitted to y and whose parame-
ters have
%       to be optimized
%   Int=initial interval of the parameters to be optmized. Column
i of
```

```
%          the matrix refer to parameter i
%   LB,UB=vectors defining the lower and upper bounds never to be
%          exceeded by the parameters.Position i of the vectors
refer to
%          parameter i.
% GENETIC ALGORITHM OPTIONS
PopSize=200; %200;  % population size(default==200)
Iter=100;  %100;  % number of iterations of the algorithm(de-
fault==100)
MigrInt=Iter/20;  % migration interval
% RUN THE GENETIC ALGORITHM
numPar=size(Int,2);
options=gaoptimset('PlotFcns',{@gaplotbestf,@gaplotbestin-
div},...
     'PopInitRange',Int,...
     'PopulationSize',PopSize,'MigrationInterval',MigrInt,...
     'StallGenLimit',Inf,'StallTimeLimit',Inf,'Generations',Iter);
coeff=ga(@FitFcn,numPar,[],[],[],[],LB,UB,[],options);
est=fh(X,coeff);
error=100.*(est-y-eps)./(y+eps);
RMSout=sqrt(mean(error).^2+std(error).^2);
% Fintness function
function fitness=FitFcn(param)

     % Fitness function definition:RMS of the error
     est=fh(X,param);
     error=100.*(est-y-eps)./(y+eps);  % definition of
the error
     fitness=sqrt(mean(error).^2+std(error).^2);
  end
end
% ***************ComplexOptimization_main.m**********
********
```

附录 D   LLC 变换器小信号模型分析

本附录讨论如何在 Matlab 中仿真带 LED 负载的全桥 LLC 变换器的输出电流和归一化开关频率之间的传递函数。首先采用 M 文件绘制根据扩展描述函数法建立的带 LED 负载全桥 LLC 变换器的小信号模型对应的 Bode 图，然后在 Matlab/Simulink 仿真环境中建立全桥 LLC 变换器仿真模型，借助 Simulink 提供的线性系统分析工具，绘制带 LED 负载全桥

LLC 变换器的输出电流和归一化开关频率之间的频率响应 Bode 图。最后，通过推导的小信号模型 Bode 图和 Simulink 小信号仿真 Bode 图对比，证明基于扩展描述函数法推导的带 LED 负载全桥 LLC 变换器输出电流和归一化开关频率之间的传递函数的正确性。

D.1　采用 Matlab 脚本建立小信号模型

前文已经根据扩展描述函数法推导了带 LED 负载的全桥 LLC 变换器的输出电流和归一化开关频率之间的传递函数，这里根据基波近似设计的全桥 LLC 变换器的谐振参数，绘制开环传递函数 Bode 图，详细的 Matlab 脚本文件 FullBridgeLEDLoad_io_wn.m 如下：

```
********************FullBridgeLEDLoad_io_wn.m*****
******************
%% io/wn 之间的传递函数
clear;
close all;
clc;
%%
% LLC parameters
Vbus=400;                        % 直流电压
fsw=100000;                      % 谐振频率
Tsw=1/fsw;                       % 谐振周期
D=0.5;                           % 占空比
Ls=253e-6;                       % 谐振电感
rs=0.1;                          % 谐振回路寄生电阻
Cs=10e-9;                        % 谐振电容
Lm=760e-6;                       % 励磁电感
Cf=10e-6;                        % 滤波电容
rc=0.05;                         % 滤波电容寄生电阻
np=2.3;                          % 变压器一次侧匝数
ns=1;                            % 变压器幅端匝数
n=np/ns;                         %  变压器匝比
% LED load parameters
rd=6.2;                          % LED 寄生电阻
Vth=80;                          % LED 门槛电压
%
W0=1/sqrt(Ls*Cs);
f0=W0/(2*pi);
Ves=2*Vbus/pi;
Ws=2*pi*fsw;
Vec=0;
WsLs=Ws*Ls;
```

```
    WsCs=Ws*Cs;
    WsLm=Ws*Lm;
    Ka  =(4*n)/pi;
    Kb  =2/pi;
    Req  =(8*rd*n^2)/(pi^2);
    rc1=rc*rd/(rc+rd);
    % 求解稳态工作点
    x0=[0.10,0,0,0,0,0.1];  %稳态工作点初始值
    options=optimset('Display','iter','MaxFunEvals',5000)
    Y=fsolve(@(x)nonlinearfunction(x,rs,Req,Ls,Ws,Ves,Cs,n,Lm,
Vth),x0,options);
    Y2=Y;
    Is=Y(1); Ic=Y(2); Vs=Y(3); Vc=Y(4); Ims=Y(5); Imc=Y(6);
    Ipc=Ic-Imc  ;
    Ips=Is-Ims ;
    Ipp=sqrt(Ips^2+Ipc^2);
    Isp=n*Ipp ;
    Vco=((2*n*Ipp*rd)/pi)+Vth;  V0=Vco;
    VLED=(2*n*Ipp*rc1/pi)+(Vth*rc1/rd)+Vco*rc1/rc ;
    I0=(2*n*Ipp*rc/(pi*(rc+rd)))+(Vco/(rc+rd))-(Vth/(rc+rd));
    PLED=I0*VLED
    %计算中间变量
    Hips=(4*n*V0*Ipc^2)/(pi*Ipp^3);
    Hipc=(-4*n*V0*Ips*Ipc)/(pi*Ipp^3);
    Hvco=(4*n*Ips)/(pi*Ipp);
    Gips=Hipc ;
    Gipc=(4*n*V0*Ips^2)/(pi*Ipp^3);
    Gvco=(4*n*Ipc)/(pi*Ipp);
    Kips=(2*n*Ips)/(pi*Ipp);
    Kipc=(2*n*Ipc)/(pi*Ipp);
    K1=(2/pi)*sin(pi*D/2);
    K2=Vbus*cos(pi*D/2);
    % 计算系统矩阵
    A=[-(Hips+rs)/Ls        -Ws-Hipc/Ls        -1/Ls        0        Hips/Ls
Hipc/Ls      -Hvco/Ls      ;
          Ws-Gips/Ls            -(Gipc+rs)/Ls        0        -1/Ls        Gips/Ls
Gipc/Ls      -Gvco/Ls      ;
          1/Cs                    0                0        -Ws            0
0          0          ;
```

```
                0                    1/Cs        Ws      0       0
0           0         ;
    Hips/Lm                  Hipc/Lm      0      0      -Hips/Lm
  -Ws-Hipc/Lm      Hvco/Lm        ;
    Gips/Lm                  Gipc/Lm      0      0      Ws-Gips/Lm
-Gipc/Lm          Gvco/Lm        ;
    Kips*rd/(Cf*(rc+rd))  Kipc*rd/(Cf*(rc+rd))  0      0  -Kips
*rd/(Cf*(rc+rd))-Kipc*rd/(Cf*(rc+rd))  -1/(Cf*(rc+rd))];

    B=[ K1/Ls    0            K2/Ls  -Ic*W0;
        0        0            0      Is*W0;
        0        0            0      -Vc*W0;
        0        0            0      Vs*W0;
        0        0            0      -Imc*W0;
        0        0            0      Ims*W0;
        0  1/(Cf*(rd+rc))     0      0;];
    C=[(Kips*rc1)/rd(Kipc*rc1)/rd 0 0(-Kips*rc1)/rd(-Kipc*
rc1)/rd(1/(rd+rc))];
    E=[0-1/(rd+rc)0 0];
    %计算小信号模型
    [num4,den4]=ss2tf(A,B,C,E,4);  %
    Gp_io_wsn=tf(num4(1,:),den4);  %tf G=io/wsn
    Gp=Gp_io_wsn;
    %plot Bode diagram
    Pb=bodeoptions;
    Pb.Grid='on';
    Pb.FreqUnits='Hz';
    Pb.PhaseMatchingFreq=1;
    Pb.Title.FontSize=12;
    Pb.XLabel.FontSize=12;
    Pb.YLabel.FontSize=12;
    Pb.TickLabel.FontSize=10;
    Pb.Title.Color=[0 0 0];
    Pb.XLabel.Color=[0 0 0];
    Pb.GridColor=[0,0,0,];
    Pb.Xlim=[100,2e5];
    figure(1);
    hold on;
```

```
        bode(Gp_io_wsn,Pb);
        legend('iLED');
        function kis_num=kis(vo,vi)
        kis_num=vo/vi;
        end
        function NLF=nonlinearfunction(x,rs,Req,Ls,Ws,Ves,Cs,n,
Lm,Vth)
        NLF=[(rs+Req).*x(1)+Ls*Ws.*x(2)+x(3)-Req.*x(5)+((Vth*
4*n.*(x(1)-x(5)))/(pi*sqrt((x(1)-x(5)).^2+(x(2)-x(6)).
^2)))-Ves;
            -Ls*Ws.*x(1)  +(rs+Req).*x(2)+x(4)-Req.*x(6)+((Vth
*4*n.*(x(2)-x(6)))/(pi*sqrt((x(1)-x(5))^2+(x(2)-x(6))^2)));
            (x(1)-Cs*Ws.*x(4));
            (x(2)+Cs*Ws.*x(3));
            (-Req.*x(1))+Lm*Ws.*x(6)+Req.*x(5)-((Vth*4*n.*
(x(1)-x(5)))/(pi*sqrt((x(1)-x(5))^2+(x(2)-x(6))^2)));
            (-Req.*x(2))-Lm*Ws.*x(5)+Req.*x(6)-((Vth*4*n*
(x(2)-x(6)))/(pi*sqrt((x(1)-x(5))^2+(x(2)-x(6))^2)));
            ];
    end
    %******************FullBridgeLEDLoad_io_wn.m**********
**********
```

D. 2　基于 Simulink 进行小信号分析

Matlab 的 Simulink 仿真模块提供了控制系统设计中的线性分析工具，采用该工具可以通过仿真的方法得到功率变换器在某一稳态工作点附近波动时的频率响应结果，从而获得该稳态工作点下的小信号模型对应的 Bode 图。通过对 Bode 图的分析，可以近似拟合出系统的开环传递函数，从而减轻了推导功率变换器小信号模型的工作量，同时还能够提高小信号模型的准确性。

下面以仿真全桥 LLC 变换器在谐振频率点附近稳态工作时的输出电流和归一化开关频率之间频率响应为例，建立输出电流和归一化开关频率之间的 Bode 图。带 LED 负载的全桥 LLC 谐振变换器仿真图如图 D-1 所示。

(1) 设置交流小信号扰动输入点和测量点　在图 D-1 中，右击交流小信号输入信号线，在弹出的快捷菜单中依次选择 "Linear Analysis Points"→"Input Perturbation"，设置扰动信号输入点，如图 D-2 所示。

接着右击输出电流测量信号线，在弹出的快捷菜单中依次选择 "Linear Analysis

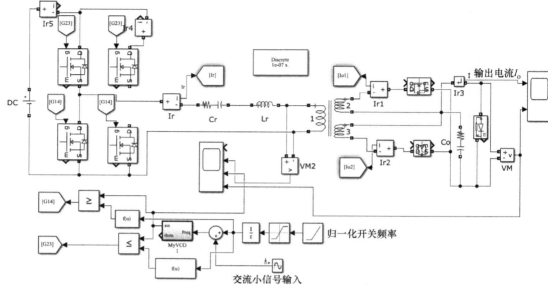

图 D-1 带 LED 负载的全桥 LLC 谐振变换器仿真图

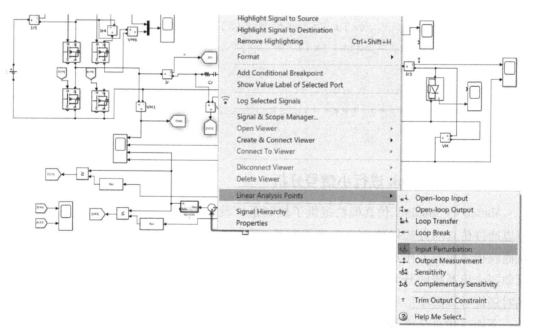

图 D-2 设置交流小信号扰动输入点

Points"→"Output Measurement",设置 LLC 变换器输出电流变化的测量点,如图 D-3 所示。

(2)设置控制系统分析工具 这一步打开 Simulink 提供的方便控制系统设计的线性分析工具,如图 D-4 所示,依次选择菜单栏中的"Analysis"→"Control Design"→"Linear Analysis",弹出如图 D-5 所示的线性分析设置界面。

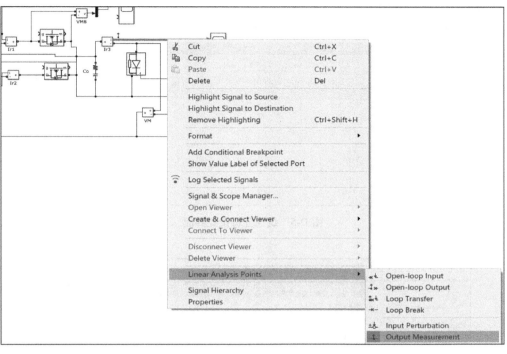

图 D-3　设置输出电流变化的测量点

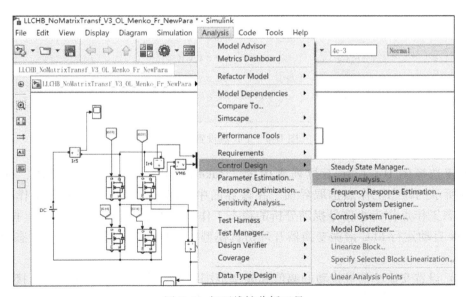

图 D-4　打开线性分析工具

（3）设置线性分析端口和稳态工作点　在图 D-5 所示的线性分析设置界面的"LINEAR ANALYSIS"选项卡中，可以设置交流小信号扰动分析的输入、输出端口和展开扰动分析的稳态工作点。在该选项卡中，在"Analysis I/Os"下拉列表中选择"Model I/Os"，选中第一步设置的扰动信号输入点和测量点。展开"Operating Point"

选项的下拉列表，如图 D-6 所示。

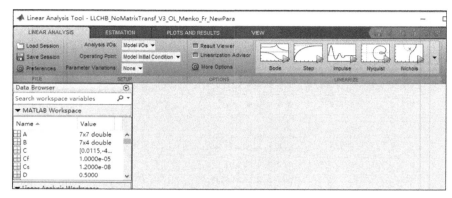

图 D-5　线性分析设置界面

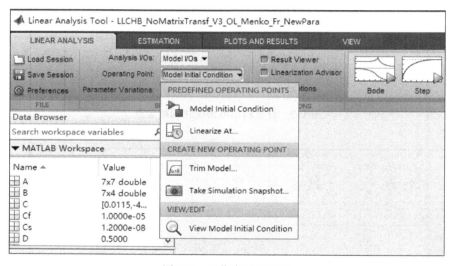

图 D-6　工作点设置界面

这里选择图 D-6 所示下拉列表中的"Take Simulation Snapshot"选项，弹出如图 D-7 所示的稳态工作点选取界面。在该界面中，以输入系统能够稳定工作时刻的仿真稳态工作点作为小信号扰动分析的稳态工作点。单击"Take Snapshots"按钮后，Simulink 自动运行 LLC 谐振变换器开环仿真模型，并自动记录设定时刻各状态变量的稳态值。

（4）设置交流小信号扰动的幅值和频率范围　在计算了稳态工作点后，接下来需要设置开展扰动分析的输入小信号的幅值和波动频率范围。交流小信号的幅值的选择需要折中考虑，输入小信号的幅值不能太大，不能导致系统偏离稳态工作点；输入小信号的幅值也不能太小，因为输入小信号的幅值太小会导致扰动分析结果准确度下降。输入交流小信号的幅值一般可以取为输入直流分量的 1/20 到 1/5，而且可以根据实际仿真效果进行调整。交流小信号的频率范围根据需要进行选择，频率上限一般低于采样频率的一半。

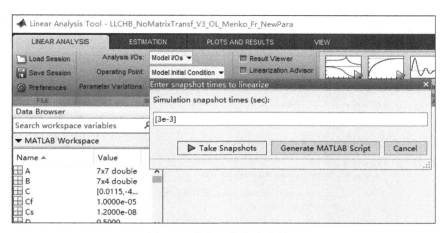

图 D-7　稳态工作点选取界面

如图 D-8 所示，在"ESTIMATION"选项卡中，展开"Input Signal"下拉列表，选择"Fixed Sample Time Sinestream"选项设置固定采样点的正弦信号序列作为交流小信号扰动分析的输入信号。在弹出的交流正弦信号序列采样时间设置界面设置采样周期，将采样周期设置为与仿真周期相同。

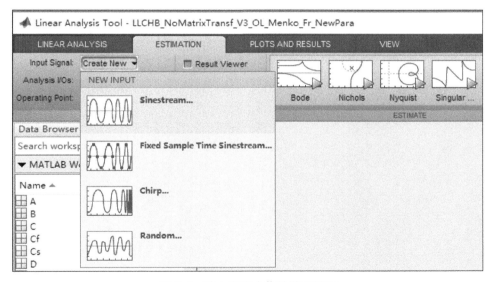

图 D-8　输入交流小信号设置界面

设置好采样周期后，弹出如图 D-9 所示交流信号序列幅值和频率设置界面。首先可以设置交流信号是以 Hz 为单位，还是以 rad/s 为单位。接着单击图 D-9 中的"加号"按钮，可以在弹出的界面中设置交流信号的频率范围。

图 D-9 中设置的频率范围是 10 ~ 50000Hz，还可以设置频率范围内的频率是线性间隔取点还是取对数后再间隔取点。选中生成的全部频率点，然后设置信号的幅值。

（5）绘制 Bode 图　在"ESTIMATION"选项卡的"Operating Point"中选中之前生

成的稳态工作点。然后单击"Bode"图标，就可以运行小信号扰动分析，生成稳态工作点附近的 Bode 图。

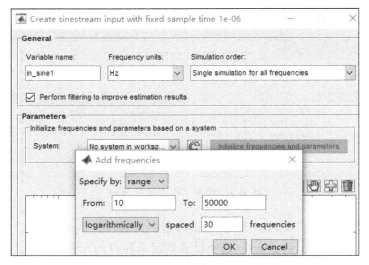

图 D-9　交流信号序列幅值和频率设置界面

参 考 文 献

［1］ MILLAN J, GODIGNON P, PERPINA X, et al. A survey of wide bandgap power semiconductor devices ［J］. IEEE Transactions on Power Electronics, 2014, 29 (5): 2155-2163.

［2］ HUANG, ALEX Q. Power semiconductor devices for smart grid and renewable energy systems ［J］. Proceedings of the IEEE, 2017, 105 (11): 2019-2047.

［3］ MUHAMMAD H R. Power electronics handbook: devices, circuits and applications (engineering) ［M］. 2nd ed. New York: Academic Press, 2006.

［4］ ADLER M S, OWYANG K W, BALIGA B J, et al. The evolution of power device technology ［J］. IEEE Transactions on Electron Devices, 1984, 31 (11): 1570-1591.

［5］ BALIGA B J. Fundamentals of power semiconductor devices ［M］. Berlin: Springer, 2008.

［6］ UDREA F, DEBOY G, FUJIHIRA T. Superjunction power devices, history, development, and future prospects ［J］. IEEE Transactions on Electron Devices, 2017, 64 (3): 720-734.

［7］ SHE X, HUANG A Q, LUCIA O, et al. Review of silicon carbide power devices and their applications ［J］. IEEE Transactions on Industrial Electronics, 2017, 64 (10): 8193-8205.

［8］ LIDOW A. Is it the end of the road for silicon in power conversion? ［C］//2011 IEEE Bipolar/BiCMOS Circuits and Technology Meeting. New York: IEEE, 2011: 119-124.

［9］ NAKAGAWA A, KAWAGUCHI Y, NAKAMURA K. Silicon limit electrical characteristics of power devices and ICs ［J］. Proc Isps, 2008 (2): 25-32.

［10］ YUAN X B. Application of silicon carbide (SiC) power devices: opportunities, challenges and potential solutions ［C］//IECON 2017-43rd Annual Conference of the IEEE Industrial Electronics Society. New York: IEEE, 2017.

［11］ JONES, E A, WANG F F, COSTINETT D. Review of commercial GaN power devices and GaN-based converter design challenges ［J］. IEEE Journal of Emerging and Selected Topics in Power Electronics, 2016, 4 (3): 707-719.

［12］ LONG X, LIANG W, JUN Z, et al. A normalized quantitative method for GaN HEMT turn-oN overvoltage modeling and suppressing ［J］. IEEE Transactions on Industrial Electronics, 2019, 66 (4): 2766-2775.

［13］ BÖDEKER C, KAMINSKI N. Investigation of an overvoltage protection for fast switching silicon carbide transistors ［J］. IET Power Electronics, 2015, 8 (12): 2336-2342.

［14］ LIANG M, LI Y, CHEN Q, et al. Research on an improved DC-side snubber for suppressing the turn-off overvoltage and oscillation in high speed SiC MOSFET application ［C］//2017 IEEE Energy Conversion Congress and Exposition (ECCE). New York: IEEE, 2017.

［15］ ANURAG A, ACHARYA S, PRABOWO Y, et al. Design considerations and development of an innovative gate driver for medium-voltage power devices with high dv/dt ［J］. IEEE Transactions on Power Electronics, 2019, 34 (6): 5256-5267.

［16］ MARZOUGHI A, BURGOS R, BOROYEVICH D. Active gate-driver with dv/dt controller for dynamic voltage balancing in series-connected SiC MOSFETs ［J］. IEEE Transactions on Industrial Electronics, 2019, 66 (4): 2488-2498.

［17］ BOUGUET C, GINOT N, BATARD C. Communication functions for a gate driver under high voltage and high dv/dt ［J］. IEEE Transactions on Power Electronics, 2018, 33 (7): 6137-6146.

［18］RIAZMONTAZER H, MAZUMDER S K. Optically switched-drive-based unified independent dv/dt and di/dt control for turn-off transition of power MOSFETs［J］. IEEE Transactions on Power Electronics, 2015, 30（4）: 2338-2349.

［19］AGGELER D, BIELA J, KOLAR J W. Controllable dv/dt behaviour of the SiC MOSFET/JFET cascode an alternative hard commutated switch for telecom applications［C］//2010 Twenty-Fifth Annual IEEE Applied Power Electronics Conference and Exposition（APEC）. New York: IEEE, 2010.

［20］LI H, LIAO X L, HU Y G, et al. Analysis of SiC MOSFET dI/dt and its temperature dependence［J］. IET Power Electronics, 2018, 11（3）: 1-10.

［21］ZHAO Q, STOJCIC G. Characterization of Cdv/dt induced power loss in synchronous buck dc-dc converters［J］." IEEE Transactions on Power electronics, 2007, 22（4）: 1508-1513.

［22］WU T. C$d$$v$/d$t$ induced turn-on in synchronous buck regulators［C］. Proc. Appl. Manual-Int. Rectifier, 2012.

［23］KHANNA R, AMRHEIN A, STANCHINA W, et al. An analytical model for evaluating the influence of device parasitics on C$d$$v$/d$t$ induced false turn-on in SiC MOSFETs［C］//2013 Twenty-Eighth Annual IEEE Applied Power Electronics Conference and Exposition（APEC）. New York: IEEE, 2013.

［24］WANG J J, CHUNG H S H. Impact of parasitic elements on the spurious triggering pulse in synchronous buck converter［J］. IEEE Transactions on Power Electronics, 2014, 29（12）: 6672-6685.

［25］XIE R L, WANG H X, TANG G F, et al. An analytical model for false turn-on evaluation of high-voltage enhancement-mode GaN transistor in bridge-leg configuration［J］. IEEE Transactions on Power Electronics, 2016, 32（8）: 6416-6433.

［26］KOZAK J P, BARCHOWSKY A, HONTZ M R, et al. An analytical model for predicting turn-on overshoot in normally-off GaN HEMTs［J］. IEEE Journal of Emerging and Selected Topics in Power Electronics, 2019, 8（1）: 99-110.

［27］GaN Systems. Design considerations of paralleled GaN HEMT-based half bridge power stage［OL］. （2018-7-17）［2024-4-3］. https://gansystems. com/wp-content/uploads/2018/07/GN004 _ Design-considerations-of-paralleled-GaN-HEMT_20180717. pdf.

［28］LI R Q, ZHU Q H, XIE M J. A new analytical model for predicting dv/dt-induced low-side MOSFET false turn-on in synchronous buck converters［J］. IEEE Transactions on Power Electronics, 2019, 34（6）: 5500-5512.

［29］ZHANG Z Y, ZHANG W M, WANG F, et al. Analysis of the switching speed limitation of wide bandgap devices in a phase-leg configuration［C］//2012 IEEE Energy Conversion Congress and Exposition（ECCE）. New York: IEEE, 2012.

［30］YANAGI T, OTAKE H, NAKAHARA K. The mechanism of parasitic oscillation in a half bridge circuit including wide band-gap semiconductor devices［C］//2014 IEEE International Meeting for Future of Electron Devices, Kansai（IMFEDK）. New York: IEEE, 2014.

［31］ZHANG Z Y, DIX J, WANG F F, et al. Intelligent gate drive for fast switching and crosstalk suppression of SiC devices［J］. IEEE Transactions on Power Electronics, 2017, 32（12）: 9319-9332.

［32］ZHANG Z Y, WANG F, TOLBERT L M, et al. Active gate driver for crosstalk suppression of SiC devices in a phase-leg configuration［J］. IEEE Transactions on Power Electronics, 2014, 29（4）: 1986-1997.

［33］WANG J J, LIU D W, DYMOND H C P, et al. Crosstalk suppression in a 650-V GaN FET bridgeleg converter using 6. 7-GHz active gate driver［C］//2017 IEEE Energy Conversion Congress and Exposition（ECCE）. New York: IEEE, 2017.

［34］ALAN E. Limiting cross-conduction current in synchronous buck converter designs［OL］. （2005-9-30）

[2024-4-3]. https://datasheet. datasheetarchive. com/originals/distributors/Datasheets-10/DSA-197858. pdf.

[35] JONES E A, WANG F, COSTINETT D, et al. Cross conduction analysis for enhancement-mode 650-V GaN HFETs in a phase-leg topology [C]//2015 IEEE 3rd Workshop on Wide Bandgap Power Devices and Applications (WiPDA). New York: IEEE, 2015.

[36] KOGANTI N B, DHAKAL S, KINI R L, et al. Effects of control-FET gate resistance on false turn-on in GaN based point of load converter [C]//NAECON 2018-IEEE National Aerospace and Electronics Conference. New York: IEEE, 2018.

[37] ISHIBASHI, HIROKI, NISHIGAKI A, UMEGAMI H, et al. An analysis of false turn-on mechanism on high-frequency power devices [C]//2015 IEEE Energy Conversion Congress and Exposition (EC-CE). New York: IEEE, 2015.

[38] JAHDI S, ALATISE O, GONZALE Z J O, et al. Comparative analysis of false turn-ON in silicon bipolar and SiC unipolar power devices [C]//2015 IEEE Energy Conversion Congress and Exposition (ECCE). New York: IEEE, 2015.

[39] SUGIHARA Y, NANAMORI K, ISHIWAKI S, et al. Analytical investigation on design instruction to avoid oscillatory false triggering of fast switching SiC-MOSFETs [C]//2017 IEEE Energy Conversion Congress and Exposition (ECCE). New York: IEEE, 2017.

[40] LI Y, LIANG M, CHEN J G, et al. A low gate turn-oFF impedance driver for suppressing crosstalk of SiC MOSFET based on different discrete packages [J]. IEEE Journal of Emerging and Selected Topics in Power Electronics, 2019, 7 (1): 353-365.

[41] CAI A Q, CARRERA H A, HOW S B, et al. Gate driver IC for GaN GIT for high slew rate and cross conduction protection [C]//PCIM Europe 2017: International Exhibition and Conference for Power Electronics, Intelligent Motion, Renewable Energy and Energy Management. Frankfurt: VDE, 2017.

[42] MIAO Z C, MAO Y C, WANG C M, et al. Detection of cross-turn-on and selection of off drive voltage for an SiC power module [J]. IEEE Transactions on Industrial Electronics, 2017, 64 (11): 9064-9071.

[43] ZHANG B F, XIE S J, XU J M, et al. A magnetic coupling based gate driver for crosstalk suppression of SiC MOSFETs [J]. IEEE Transactions on Industrial Electronics, 2017, 64 (11): 9052-9063.

[44] ZAMAN H, WU X H, ZHENG X C, et al. Suppression of switching crosstalk and voltage oscillations in a SiC MOSFET based half-bridge converter [J]. Energies, 2018, 11 (11): 1-19.

[45] JAHDI S, ALATISE O, GONZALEZ J A O, et al. Temperature and switching rate dependence of crosstalk in Si-IGBT and SiC power modules [J]. IEEE Transactions on Industrial Electronics, 2016, 63 (2): 849-863.

[46] VEMULAPATI U R, MIHAILA A, MINAMISAWA R A, et al. Simulation and experimental results of 3. 3kV cross switch "Si-IGBT and SiC-MOSFET" hybrid [C]//2016 28th International Symposium on Power Semiconductor Devices and ICs (ISPSD). New York: IEEE, 2016.

[47] MIAO Z C, WANG C M, NGO K D T. Simulation and characterization of cross-turn-on inside a power module of paralleled SiC MOSFETs [J]. IEEE Transactions on Components, Packaging and Manufacturing Technology, 2017, 7 (2): 186-192.

[48] AHMED M R, TODD R, FORSYTH A J. Predicting SiC MOSFET behavior under hard-switching, soft-switching, and false turn-on conditions [J]. IEEE Transactions on Industrial Electronics, 2017, 64 (11): 9001-9011.

[49] WANG K P, YANG X, WANG L L, et al. Instability analysis and oscillation suppression of enhancement-mode GaN devices in half-bridge circuits [J]. IEEE Transactions on Power Electronics, 2018,

33 (2): 1585-1596.

[50] LIU T J, NING R T, WONG T T Y, et al. Modeling and analysis of SiC MOSFET switching oscillations [J]. IEEE Journal of Emerging and Selected Topics in Power Electronics, 2016, 4 (3): 747-756.

[51] DYMOND H C P, LIU D W, WANG J J, et al. Reduction of oscillations in a GaN bridge leg using active gate driving with sub-ns resolution, arbitrary gate-resistance patterns [C]//2016 IEEE Energy Conversion Congress and Exposition (ECCE). New York: IEEE, 2016.

[52] WANG L N, YANG J Y, MA H B, et al. Analysis and suppression of unwanted turn-on and parasitic oscillation in SiC JFET-based Bi-directional switches [J]. Electronics, 2018, 7 (8): 126.

[53] KIMIHIRO N, YUSUKE S, MASAYOSHI Y. Oscillation analysis and current peak reduction in paralleled SiC MOSFETs [J]. IET Circuits, Devices & Systems, 2018, 12 (4): 390-395.

[54] SAITO K, MIYOSHI T, KAWASE D, et al. Simplified model analysis of self-excited oscillation and its suppression in a high-voltage common package for Si-IGBT and SiC-MOS [J]. IEEE Transactions on Electron Devices, 2018, 65 (3): 1063-1071.

[55] LIU T J, NING R T, WONG T T Y, et al. Equivalent circuit models and model validation of SiC MOSFET oscillation phenomenon [C]//2016 IEEE Energy Conversion Congress and Exposition (ECCE). New York: IEEE, 2016.

[56] ZHU N, ZHANG X Y, CHEN M, et al. Turn-on oscillation damping for hybrid IGBT modules [J]. CPSS Transactions on Power Electronics and Applications, 2016, 1 (1): 41-56.

[57] EFTHYMIOU L, CAMUSO G, LONGOBARDI G, et al. On the source of oscillatory behaviour during switching of power enhancement mode GaN HEMTs [J]. Energies, 2017, 10 (3): 407.

[58] OSWALD N, ANTHONY P, MCNEILL N, et al. An experimental investigation of the tradeoff between switching losses and EMI generation with hard-switched all-Si, Si-SiC, and all-SiC device combinations [J]. IEEE Transactions on Power Electronics, 2014, 29 (5): 2393-2407.

[59] DYMOND H C P, WANG J J, LIU D W, et al. A 6.7-GHz active gate driver for GaN FETs to combat overshoot, ringing, and EMI [J]. IEEE Transactions on Power Electronics, 2018, 33 (1): 581-594.

[60] HAN D, LI S L, LEE W, et al. Trade-off between switching loss and common mode EMI generation of GaN devices-analysis and solution [C]//2017 IEEE Applied Power Electronics Conference and Exposition (APEC). New York: IEEE, 2017.

[61] LEMMON A N, CUZNER R, GAFFORD J, et al. Methodology for characterization of common-mode conducted electromagnetic emissions in wide-bandgap converters for ungrounded shipboard applications [J]. IEEE Journal of Emerging and Selected Topics in Power Electronics, 2018, 6 (1): 300-314.

[62] OHN S, YU J H, RANKIN P, et al. Three-terminal common-mode EMI model for EMI generation, propagation, and mitigation in a full-SiC three-phase UPS module [J]. IEEE Transactions on Power Electronics, 2019, 34 (9): 8599-8612.

[63] MORRIS C T, HAN D, SARLIOGLU B. Comparison and evaluation of common mode EMI filter topologies for GaN-based motor drive systems [C]//2016 IEEE Applied Power Electronics Conference and Exposition (APEC). New York: IEEE, 2016.

[64] SUN B Y, BURGOS R. Assessment of switching frequency impact on the prediction capability of common-mode EMI emissions of sic power converters using unterminated behavioral models [C]//2015 IEEE Applied Power Electronics Conference and Exposition (APEC). New York: IEEE, 2015.

[65] SPRO O C, BASU S, ABUISHMAIS I, et al. Driving of a GaN enhancement mode HEMT transistor with zener diode protection for high efficiency and low EMI [C]//2017 19th European Conference on Power Electronics and Applications (EPE'17 ECCE Europe). New York: IEEE, 2017.

［66］KEMPITIYA A，CHOU W. An electro-thermal performance analysis of SiC MOSFET vs Si IGBT and diode automotive traction inverters under various drive cycles［C］//2018 34th Thermal Measurement, Modeling & Management Symposium（SEMI-THERM）. New York：IEEE，2018.

［67］MUKUNOKI Y，HORIGUCHI T，NISHIZAWA A，et al. Electro-thermal co-simulation of two parallel-connected SiC-MOSFETs under thermally-imbalanced conditions［C］//2018 IEEE Applied Power Electronics Conference and Exposition（APEC）. New York：IEEE，2018.

［68］CECCARELLI L，REIGOSA P D，BAHMAN A S，et al. "Compact electro-thermal modeling of a SiC MOSFET power module under short-circuit conditions［C］//IECON 2017-43rd Annual Conference of the IEEE Industrial Electronics Society. New York：IEEE，2017.

［69］YIN S，WANG T，TSENG K J，et al. Electro-thermal modeling of SiC power devices for circuit simulation［C］//IECON 2013-39th Annual Conference of the IEEE Industrial Electronics Society. IEEE，2014.

［70］SWIFT G，MOLINSKI T S，LEHN W. A fundamental approach to transformer thermal modeling. I. Theory and equivalent circuit［J］. IEEE Transactions on Power Delivery，2001，16（2）：171-175.

［71］SUZUKI H，CIAPPA M. Electro-thermal simulation of current sharing in silicon and silicon carbide power modules under short circuit condition of types Ⅰ and Ⅱ［J］. Microelectronics Reliability，2016，58：12-16.

［72］HASANI J Y. Thermal modeling of high frequency GaN power HEMT's using analytic approach［C］//2015 23rd Iranian Conference on Electrical Engineering. New York：IEEE，2015.

［73］RUSSO S，D'ALESSANDRO V，COSTAGLIOLA M，et al. Analysis of the thermal behavior of AlGaN/GaN HEMTs［J］. Materials Science and Engineering B：，2012，177（15）：1343-1351.

［74］BERNARDONI M，DELMONTE N，SOZZI G，et al. Large-signal GaN HEMT electro-thermal model with 3D dynamic description of self-heating［C］//2011 Proceedings of the European Solid-State Device Research Conference（ESSDERC）. New York：IEEE，2011.

［75］MISHRA U K，PARIKH P，WU Y F. AlGaN/GaN HEMTs-an overview of device operation and applications［J］. Proceedings of the IEEE，2002，90（6）：1022-1031.

［76］RAYNAUD C，TOURNIER D，MOREL H，et al. Comparison of high voltage and high temperature performances of wide bandgap semiconductors for vertical power devices［J］. Diamond and Related Materials，2010，19（1）：1-6.

［77］BALIGA B J. Power semiconductor device figure of merit for high-frequency applications［J］. IEEE Electron Device Letters，1989，10（10）：455-457.

［78］BUFFOLO M，FAVERO D，MARCUZZI A，et al. Review and outlook on GaN and SiC power devices：industrial state-of-the-art，applications，and perspectives［J］. IEEE Transactions on Electron Devices，2024，71（3）：1344-1355.

［79］钱照明，张军明，盛况. 电力电子器件及其应用的现状和发展［J］. 中国电机工程学报，2014，34（29）：5149-5161.

［80］ZHAO J H，ALEXANDROV P，LI X. Demonstration of the first 10-kV 4H-SiC Schottky barrier diodes［J］. IEEE Electron Device Letters，2003，24（6）：402-404.

［81］BALIGA B J. Analysis of junction-barrier-controlled Schottky（JBS）rectifier characteristics［J］. Solid-state Electronics，1985，28（11）：1089-1093.

［82］HEINZE B，LUTZ J，NEUMEISTER M，et al. Surge current ruggedness of silicon carbide Schottky-and merged-PiN-Schottky diodes［C］//2008 20th International Symposium on Power Semiconductor Devices and IC's. New York：IEEE，2008.

［83］BARBIERI T. SiC schottky diode device design：characterizing performance & reliability［OL］.（2016）

［2024-3-4］. https://shop. richardsonrfpd. com/docs/rfpd/SiC_Schttky_Design. pdf.

［84］ GURFINKEL M, XIONG H D, CHEUNG K P, et al. Characterization of transient gate oxide trapping in SiC MOSFETs using fast I-V techniques ［J］. IEEE Transactions on Electron Devices, 2008, 55 （8）: 2004-2012.

［85］ HULL B. Evolution of SiC MOSFETs at Cree performance and reliability ［OL］. （2015-8-13）［2024-4-3］. https://user. eng. umd. edu/~neil/SiC_Workshop/Presentations_2015/02. 1%202015_Aug_13% 20CREE_Hull%20--%20MOS%20workshop_final. pdf.

［86］ NAKAMURA R, NAKANO Y, AKETA M, et al. 1200V 4H-SiC Trench Devices ［C］//PCIM Europe 2014: International Exhibition and Conference for Power Electronics, Intelligent Motion, Renewable Energy and Energy Management. Frankfurt: VDE, 2014.

［87］ HE J Q, CHENG W C, WANG Q, et al. Recent advances in GaN-based power HEMT devices ［J］. Advanced Electronic Materials, 2021, 7 （4）: 2001045.

［88］ HUANG X C, LIU Z Y, LEE F C, et al. Characterization and enhancement of high-voltage cascode GaN devices ［J］. IEEE Transactions on Electron Devices, 2015, 62 （2）: 270-277.

［89］ HUANG X C, LIU Z Y, LI Q, et al. Evaluation and application of 600V GaN HEMT in cascode structure ［J］. IEEE Transactions on Power Electronics, 2014, 29 （5）: 2453-2461.

［90］ ARMSTRONG K O, DAS S, CRESKO J. Wide bandgap semiconductor opportunities in power electronics ［C］//2016 IEEE 4th Workshop on Wide Bandgap Power Devices and Applications （WiPDA）. New York: IEEE, 2016.

［91］ ARMSTRONG K O, DAS S, CRESKO J. Wide bandgap semiconductor opportunities in power electronics ［C］//Wide Bandgap Power Devices & Applications. IEEE, 2016.

［92］ HATANAKA A, KAGEYAMA H, MASUDA T. A 160-kW high-efficiency photovoltaic inverter with paralleled SiC-MOSFET modules for large-scale solar power ［C］//2015 IEEE International Telecommunications Energy Conference （INTELEC）. New York: IEEE, 2016.

［93］ FUJII K, NOTO Y, OKUMA Y. 1-MW solar power inverter with boost converter using all SiC power module ［J］. EPE Journal, 2016, 26 （4）: 165-173.

［94］ TODOROVIC M H, CARASTRO F, SCHUETZ T, et al. SiC MW PV Inverter ［C］//PCIM Europe 2016: International Exhibition and Conference for Power Electronics, Interlligent Motion, Renewable Energy and Energy Management. VDE, 2016.

［95］ DE ALMEIDA A T, FERREIRA F J T E, BAOMING G. Beyond induction motors—Technology trends to move up efficiency ［J］. IEEE Transactions on Industry Applications, 2014, 50 （3）: 2103-2114.

［96］ MORYA A, MOOSAVI M, GARDNER M C, et al. Applications of Wide Bandgap （WBG） devices in AC electric drives: A technology status review ［C］//2017 IEEE International Electric Machines and Drives Conference （IEMDC）. New York: IEEE, 2017.

［97］ BRENNA M, FOIADELLI F, ZANINELLI D, et al. Application prospective of Silicon Carbide （SiC） in railway vehicles ［C］//2014 AEIT Annual Conference-from Research to Industry: the Need for a More Effective Technology Transfer （AETT）. New York: IEEE, 2015.

［98］ Mitsubishi Electric Corporation. Mitsubishi Electric delivers world's first SiC auxiliary power supply systems for railcars ［OL］. （2013-3-26）［2024-3-4］. https://www. mitsubishielectric. com/news/2013/ pdf/0326-a. pdf.

［99］ ISHIKAWA K, YUKUTAKE S, KONO Y, et al. Traction inverter that applies compact 3. 3kV/1200A SiC hybrid module ［C］//2014 International Power Electronics Conference （IPEC-Hiroshima 2014-ECCE ASIA）. New York: IEEE, 2014.

[100] HAN D, SARLIOGLU B. Comprehensive study of the performance of SiC MOSFET-based automotive DC-DC converter under the influence of parasitic inductance [J]. IEEE Transactions on Industry Applications, 2016, 52 (6): 5100-5111.

[101] CITTANTI D, LANNUZZO F, HOENE E, et al. Role of parasitic capacitances in power MOSFET turn-on switching speed limits: A SiC case study [C]//2017 IEEE Energy Conversion Congress and Exposition (ECCE). New York: IEEE, 2017.

[102] LAUTNER J, PIEPENBREIER B. Impact of current measurement on switching characterization of GaN transistors [C]//2014 IEEE Workshop on Wide Bandgap Power Devices and Applications. New York: IEEE, 2014.

[103] SHELTON E, HARI N, ZHANG X Q, et al. Design and measurement considerations for WBG switching circuits [C]//2017 19th European Conference on Power Electronics and Applications (EPE'17 ECCE Europe). New York: IEEE, 2017.

[104] ZHANG Z Y, GUO B, WANG F, et al. Methodology for switching characterization evaluation of wide band-gap devices in a phase-leg configuration [C]//2014 IEEE Applied Power Electronics Conference and Exposition-APEC 2014. New York: IEEE, 2014.

[105] SANTI E, HUDGINS J L, MANTOOTH H A. Variable model levels for power semiconductor devices [C]//SCSC'07: Proceedings of the 2007 Summer Computer Simulation Conference. 2007.

[106] MANTOOTH H A, PENG K, SANTI E, et al. Modeling of wide bandgap power semiconductor devices—part I [J]. IEEE Transactions on Electron Devices, 2015, 62 (2): 423-433.

[107] SHENG K, WILLIAMS B W, FINNEY S J. A review of IGBT models [J]. IEEE Transactions on Power Electronics, 2000, 15 (6): 1250-1266.

[108] FU R Y, GREKOV A E, PENG K, et al. Parameter extraction procedure for a physics-based power SiC Schottky diode model [J]. IEEE Transactions on Industry Applications, 2014, 50 (5): 3558-3568.

[109] 徐艳明. SiC MOSFET PSpice 建模及应用 [D]. 北京: 北京交通大学, 2016.

[110] TANIMOTO Y, SAITO A, MATSUURA K, et al. Power-loss prediction of high-voltage SiC-mosfet circuits with compact model including carrier-trap influences [J]. IEEE Transactions on Power Electronics, 2016, 31 (6): 4509-4516.

[111] SHINTANI M, NAKAMURA Y, OISHI K, et al. Surface-potential-based silicon carbide power mosfet model for circuit simulation [J]. IEEE Transactions on Power Electronics, 2018, 33 (12): 10774-10783.

[112] WANG J, ZHAO T F, LI J, et al. Characterization, modeling, and application of 10-kV SiC MOSFET [J]. IEEE Transactions on Electron Devices, 2008, 55 (8): 1798-1806.

[113] TURZYNSKI M, KULESZA W J. A simplified behavioral MOSFET model based on parameters extraction for circuit simulations [J]. IEEE Transactions on Power Electronics, 2015, 31 (4): 3096-3105.

[114] PUSHPAKARAN B N, BAYNE S B, WANG Y G, et al. Fast and accurate electro-thermal behavioral model of a commercial SiC 1200V, 80mΩ power MOSFET [C]//2015 IEEE Pulsed Power Conference (PPC). New York: IEEE, 2015.

[115] MCNUTT T R, HEFNER A R, MANTOOTH H A, et al. Silicon carbide power MOSFET model and parameter extraction sequence [J]. IEEE Transactions on Power Electronics, 2007, 22 (2): 353-363.

[116] MUDHOLKAR M, AHMED S, ERICSON M N, et al. Datasheet driven silicon carbide power MOSFET model [J]. IEEE Transactions on Power Electronics, 2014, 29 (5): 2220-2228.

[117] MUKUNOKI Y, KONNO K, MATSUO T, et al. An improved compact model for a silicon-carbide MOSFET and its application to accurate circuit simulation [J]. IEEE Transactions on Power Electron-

ics, 2018, 33 (11): 9834-9842.

[118] 孙凯, 陆珏晶, 吴红飞, 等. 碳化硅 MOSFET 的变温度参数建模 [J]. 中国电机工程学报, 2013, 33 (3): 37-43.

[119] 徐国林. 基于碳化硅 MOSFET 变温度参数模型的器件建模与仿真验证 [D]. 北京: 华北电力大学, 2015.

[120] 周郁明, 刘航志, 杨婷婷, 等. 碳化硅 MOSFET 的 Matlab/Simulink 建模及其温度特性评估 [J]. 南京航空航天大学学报, 2017, 49 (6): 851-857.

[121] 许明. 宽禁带半导体器件的开关过程建模与分析 [D]. 合肥: 合肥工业大学, 2018.

[122] JI S Q, ZHENG S, WANG F, et al. Temperature-dependent characterization, modeling, and switching speed-limitation analysis of third-generation 10-kV SiC MOSFET [J]. IEEE Transactions on Power Electronics, 2018, 33 (5): 4317-4327.

[123] LI H, ZHAO X R, SUN K, et al. A non-segmented PSpice model of SiC mosfet with temperature-dependent parameters [J]. IEEE Transactions on Power Electronics, 2018, 34 (5): 4603-4612.

[124] DUNLEAVY L, BAYLIS C, CURTICE W, et al. Modeling GaN: powerful but challenging [J]. IEEE Microwave Magazine, 2010, 11 (6): 82-96.

[125] MERTENS S D. Status of the GaN HEMT standardization effort at the compact model coalition [C]// 2014 IEEE Compound Semiconductor Integrated Circuit Symposium (CSICS). New York: IEEE, 2014.

[126] KHANDELWAL S, YADAV C, AGNIHOTRI S, et al. Robust surface-potential-based compact model for GaN HEMT IC design [C]//IEEE Transactions on Electron Devices.

[127] GHOSH S, DASGUPTA A, KHANDELWAL S, et al. Surface-potential-based compact modeling of gate current in AlGaN/GaN HEMTs [J]. IEEE Transactions on Electron Devices, 2015, 62 (2): 443-448.

[128] YIGLETU F M, KHANDELWAL S, FJELDLY T A, et al. compact charge-based Physical models for current and capacitances in AlGaN/GaN HEMTs [J]. IEEE Transactions on Electron Devices, 2013, 60 (11): 3746-3752.

[129] RADHAKRISHNA U, IMADA T, PALACIOS T, et al. MIT virtual source GaNFET-high voltage (MVSG-HV) model: A physics based compact model for HV-GaN HEMTs [J]. Physica Status Solidi, 2014, 11 (3-4): 848-852.

[130] ANGELOV I, ZIRATH H, ROSMAN N. A new empirical nonlinear model for HEMT and MESFET devices [J].//IEEE Transactions on Microwave Theory and Techniques, 1992, 40 (12): 2258-2266.

[131] SHAH K, SHENAI K. Simple and accurate circuit simulation model for gallium nitride power transistors [J]. IEEE Transactions on Electron Devices, 2012, 59 (10): 2735-2741.

[132] WANG K P, YANG X, LI H C, et al. An analytical switching process model of low-voltage eGaN HEMTs for loss calculation [J]. IEEE Transactions on Power Electronics, 2015, 31 (1): 635-647.

[133] CHAUHAN Y S, ANGHEL C, KRUMMENACHER F, et al. Scalable general high voltage MOSFET model including quasi-saturation and self-heating effects [J]. Solid-State Electronics, 2006, 50 (11-12): 1801-1813.

[134] WITTIG B, FUCHS F W. Analysis and comparison of turn-off active gate control methods for low-voltage power MOSFETs with high current ratings [J]. IEEE Transactions on Power Electronics, 2012, 27 (3): 1632-1640.

[135] RIAZMONTAZER H, MAZUMDER S K. Optically switched-drive-based unified independent dv/dt and di/dt control for turn-off transition of power MOSFETs [J]. IEEE Transactions on Power Electronics, 2015, 30 (4): 2338-2349.

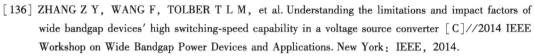
[136] ZHANG Z Y, WANG F, TOLBER T L M, et al. Understanding the limitations and impact factors of wide bandgap devices′ high switching-speed capability in a voltage source converter [C]//2014 IEEE Workshop on Wide Bandgap Power Devices and Applications. New York：IEEE, 2014.

[137] ZHANG Z Y, GUO B, WANG F. Evaluation of switching loss contributed by parasitic ringing for fast switching wide band-gap devices [J]. IEEE Transactions on Power Electronics, 2018, 34 (9)：9082-9094.

[138] ZHANG W, ZHANG Z Y, WANG F, et al. Characterization and modeling of a SiC MOSFET′s turn-on overvoltage [C]//2018 IEEE Energy Conversion Congress and Exposition (ECCE). New York：IEEE, 2018.

[139] JAHDI S, ALATISE O, BONYADI R, et al. An analysis of the switching performance and robustness of power MOSFETs body diodes：a technology evaluation [J]. IEEE Transactions on Power Electronics, 2015, 30 (5)：2383-2394.

[140] MARTIN D, CURBOW W A, SPARKMAN B, et al. Switching performance comparison of 1200V and 1700V SiC optimized half bridge power modules with SiC antiparallel schottky diodes versus MOSFET intrinsic body diodes [C]//2017 IEEE Applied Power Electronics Conference and Exposition (APEC). New York：IEEE, 2017.

[141] TIWARI S, ABUISHMAIS I, LANGELID J K, et al. Characterization of body diodes in the-state-of-the-art SiC FETs-are they good enough as freewheeling diodes? [C]//2018 20th European Conference on Power Electronics and Applications (EPE′18 ECCE Europe). New York：IEEE, 2018.

[142] CHEN K N, ZHAO Z M, YUAN L Q, et al. The impact of nonlinear junction capacitance on switching transient and its modeling for SiC MOSFET [J]. IEEE Transactions on Electron Devices, 2015, 62 (2)：333-338.

[143] DANILOVIC M, CHEN Z, WANG R X, et al. Evaluation of the switching characteristics of a gallium-nitride transistor [C]//2011 IEEE Energy Conversion Congress and Exposition. New York：IEEE, 2011.

[144] WANG K P, WANG L L, YANG X, et al. A multiloop method for minimization of parasitic inductance in GaN-based high-frequency DC-DC converter [J]. IEEE Transactions on Power Electronics, 2016, 32 (6)：4728-4740.

[145] 刘鑫，郑祥杰，侯庆会，等. 变压器串-并联 LLC+Buck 级联 DC-DC 变换器的均流特性 [J]. 浙江大学学报（工学版），2018, 52 (4)：806-818.

[146] 任仁，刘硕，张方华. 基于氮化镓器件和矩阵变压器的高频 LLC 直流变压器 [J]. 中国电机工程学报，2015, 35 (13)：3373-3380.

[147] OUYANG Z, THOMSEN O C, ANDERSEN M A E. Optimal design and tradeoff analysis of planar transformer in high-power DC-DC converters [J]. IEEE Transactions on Industrial Electronics, 2012, 59 (7)：2800-2810.

[148] FERREIRA J A. Improved analytical modeling of conductive losses in magnetic components [J]. IEEE transactions on Power Electronics, 1994, 9 (1)：127-131.